服装设计
效果图
绘制与表现

FASHION
DESIGN

唐伟　易林　陈康
主编

谭佳慧　谭为
副主编

北京大学出版社
PEKING UNIVERSITY PRESS

内容提要

这是一本专注于服装设计效果图绘制的专业教程，内容丰富而全面，由浅入深地引导读者掌握服装设计效果图绘制的核心技能。

本书精心构建了一个全面且系统的学习体系，旨在为读者提供开启服装设计效果图绘制大门的钥匙，实现创意与技巧的完美融合。从基础工具与材料的仔细甄别，到线稿绘制中人体结构与着装形态的精准把控；从上色技巧中水彩与马克笔的多元化运用，到面料表现中对不同材质质感的细腻展现，每章都凝聚着专业知识与实践经验。

本书图文并茂，将理论与实践紧密结合，并配备丰富的学习资源，适合服装设计专业学生、服装设计从业者，以及对服装设计感兴趣的爱好者阅读和学习。

图书在版编目（CIP）数据

服装设计效果图绘制与表现 / 唐伟，易林，陈康主编；谭佳慧，谭为副主编. —— 北京：北京大学出版社，2025.8. —— ISBN 978-7-301-36305-8

Ⅰ . TS941.28

中国国家版本馆CIP数据核字第2025YB2590号

书　　　名	服装设计效果图绘制与表现 FUZHUANG SHEJI XIAOGUOTU HUIZHI YU BIAOXIAN
著作责任者	唐伟 易林 陈康 主编　谭佳慧 谭为 副主编
责 任 编 辑	孙金鑫
标 准 书 号	ISBN 978-7-301-36305-8
出 版 发 行	北京大学出版社
地　　　址	北京市海淀区成府路205号　100871
网　　　址	http://www.pup.cn　　新浪微博：@北京大学出版社
电 子 邮 箱	编辑部 pup7@pup.cn　　总编室 zpup@pup.cn
电　　　话	邮购部 010-62752015　发行部 010-62750672　编辑部 010-62570390
印 　刷　 者	北京宏伟双华印刷有限公司
经 　销　 者	新华书店
	889毫米×1194毫米　16开本　12印张　359千字 2025年8月第1版　2025年8月第1次印刷
印　　　数	1–4000册
定　　　价	89.00元

未经许可，不得以任何方式复制或抄袭本书之部分或全部内容。
版权所有，侵权必究
举报电话：010-62752024　电子邮箱：fd@pup.cn
图书如有印装质量问题，请与出版部联系，电话：010-62756370

前言

在服装设计的创意之旅中，效果图绘制宛如一颗熠熠生辉的启明星，照亮从灵感萌芽至成品问世的漫漫征途。它是设计师与世界沟通的独特语言，能将设计师脑海中抽象的时尚理念转化为直观且极具感染力的视觉形象。无论是初涉服装设计领域的新手，还是渴望突破创作瓶颈的资深设计师，掌握精湛的效果图绘制技巧，都是迈向成功的重要一步。

本书开篇详尽介绍绘制所需的各类工具与材料，从自动铅笔、勾线笔等绘制工具到直尺、水彩纸等辅助工具与材料，助力读者全面了解并合理选择适合自己的绘画装备。

随后，本书深入阐述服装设计效果图线稿的绘制表现，包括人体结构线稿中不同头身比例、走姿的人体绘制，以及正面头部和手部的表现技巧；同时阐释人体着装线稿中紧身型、宽松型、高腰与低腰服装的绘制要点，为效果图奠定坚实的结构基础。

上色部分分别对水彩和马克笔这两种上色方式展开细致剖析。从常见技法入手，逐步拓展至头部、人体、配饰及多种款式的服装（如T恤、连衣裙、礼服等）的上色表现，能够让读者熟练掌握色彩的运用技巧，为线稿增添活力。

在面料表现章节，借助水彩和马克笔，深入讲解羽绒服、针织、牛仔、皮革、皮草、呢子、薄纱、蕾丝等多种面料的绘制方法，包括线稿处理、上色过程及细节呈现，使读者能够精准呈现不同面料的独特质感。

将本书与附赠资源中的教学视频结合，不仅可以帮助读者巩固书中所学的内容，加深对绘制要点的理解，还可以让读者全方位、多角度地学习服装设计效果图的绘制技巧，提升对服装设计效果图的表现力。

愿这本书能够成为你在服装设计道路上的忠实伙伴，陪伴你在创意的海洋中扬帆起航，用画笔勾勒出属于自己的时尚蓝图。

 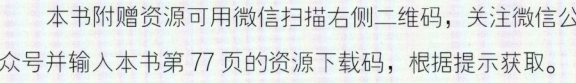 

温馨提示：本书附赠资源可用微信扫描右侧二维码，关注微信公众号并输入本书第77页的资源下载码，根据提示获取。

博雅读书社

目录

第 1 章
绘制工具与材料介绍

第 2 章
服装设计效果图线稿绘制表现

1.1　常用绘制工具及其用法　2
　1.1.1　自动铅笔和笔芯　2
　1.1.2　勾线笔（针管笔）　3
　1.1.3　遮蔽胶笔　3
　1.1.4　高光笔　4
　1.1.5　纤维笔　4
　1.1.6　彩铅　5
　1.1.7　马克笔　6
　1.1.8　毛笔　7

1.2　常用辅助工具与材料　7
　1.2.1　直尺　7
　1.2.2　画板　8
　1.2.3　橡皮　8
　1.2.4　纸胶带　9
　1.2.5　水彩颜料　10
　1.2.6　调色盘　10
　1.2.7　洗笔桶　11
　1.2.8　水彩纸　11
　1.2.9　马克纸　12
　1.2.10　复印纸　12

2.1　人体结构线稿绘制表现　14
　2.1.1　站立 9 头身与 9.5 头身人体比例关系　14
　2.1.2　平肩走姿 9.5 头身人体绘制表现　16
　2.1.3　斜肩走姿 9 头身人体绘制表现　18
　2.1.4　正面头部比例关系　20
　2.1.5　正面头部绘制表现　21
　2.1.6　手部绘制表现　25

2.2　人体着装线稿绘制表现　26
　2.2.1　紧身型与宽松型服装绘制表现　26
　2.2.2　高腰与低腰服装绘制表现　29

第 3 章
服装设计效果图上色表现

3.1　服装效果图水彩上色表现　34
- 3.1.1　水彩绘制的 8 种常见技法　34
- 3.1.2　头部水彩上色表现　36
- 3.1.3　人体水彩上色表现　41
- 3.1.4　配饰水彩上色表现　45
- 3.1.5　T 恤和半身裙水彩上色表现　50
- 3.1.6　连衣裙水彩上色表现　55
- 3.1.7　礼服水彩上色表现　59
- 3.1.8　衬衣水彩上色表现　64
- 3.1.9　西服水彩上色表现　68
- 3.1.10　大衣水彩上色表现　73

3.2　服装效果图马克笔上色表现　78
- 3.2.1　马克笔绘制的常见技法　78
- 3.2.2　头部马克笔上色表现　79
- 3.2.3　人体马克笔上色表现　84
- 3.2.4　配饰马克笔上色表现　88
- 3.2.5　T 恤和半身裙马克笔上色表现　93
- 3.2.6　连衣裙马克笔上色表现　98
- 3.2.7　礼服马克笔上色表现　102
- 3.2.8　衬衣马克笔上色表现　107
- 3.2.9　西服马克笔上色表现　112
- 3.2.10　大衣马克笔上色表现　117

第 4 章
服装设计效果图面料绘制表现

4.1　服装面料水彩上色表现　124
- 4.1.1　羽绒服面料水彩上色表现　124
- 4.1.2　针织面料水彩上色表现　129
- 4.1.3　牛仔面料水彩上色表现　134
- 4.1.4　皮革和皮草面料水彩上色表现　138
- 4.1.5　呢子面料水彩上色表现　143
- 4.1.6　薄纱和蕾丝面料水彩上色表现　147

4.2　服装面料马克笔上色表现　152
- 4.2.1　羽绒服面料马克笔上色表现　152
- 4.2.2　针织面料马克笔上色表现　158
- 4.2.3　牛仔面料马克笔上色表现　164
- 4.2.4　皮革和皮草面料马克笔上色表现　169
- 4.2.5　呢子面料马克笔上色表现　175
- 4.2.6　薄纱和蕾丝面料马克笔上色表现　181

第 1 章

绘制工具与材料介绍

— 常用绘制工具
　 及其用法
— 常用辅助工具
　 与材料

绘制服装设计效果图离不开专业工具，这些工具是设计师将创意转化为作品的关键。按照功能的不同，可以将工具分为绘制工具和辅助工具，它们在设计过程中发挥着独特的作用。

常用的绘制工具包含自动铅笔、勾线笔、高光笔、彩铅、毛笔等，它们能够直接用于塑造服装的线条、光影和细节。常用的辅助工具则有直尺、画板、橡皮等，它们虽然不直接参与绘制，但对绘制过程至关重要。

在绘制服装设计效果图的过程中，绘制工具和辅助工具要配合使用。大家需要熟练运用它们，充分发挥不同工具的优势，从而将创意转化为令人惊艳的视觉作品，为服装设计创作提供助力。

1.1 常用绘制工具及其用法

1.1.1 自动铅笔和笔芯

1. 挑选技巧

笔身材质：选择质量优良、握感舒适且防滑性好的笔身，这样能够有效减少手部疲劳。

笔芯颜色：彩色笔芯须具备高饱和度且颜色均匀的特性。我们可以选用橙色笔芯绘制人体结构。

笔芯硬度与粗细：根据绘画时的需求，选择合适硬度（如B、H型）和粗细（如0.3mm、0.5mm、0.7mm）的笔芯。

2. 使用方法

人体绘制：使用橘色笔芯的自动铅笔勾勒人体结构与动态，通过运笔的轻重变化来呈现不同的效果。

服装绘制：按照设计方案和色彩构思，用不同颜色的笔芯绘制服装，可通过调整用笔角度和力度，灵活控制线条的表现效果。

3. 使用技巧

及时出芯：确保笔芯伸出合适的长度，避免芯头过短影响绘画顺畅度和绘制效果。

小心更换：更换笔芯时，操作要谨慎，防止笔芯折断在笔管内。

颜色特性：用彩色笔芯绘制出的颜色较淡时，可适当增加线条密度来加深颜色。

1.1.2　勾线笔（针管笔）

1. 挑选技巧

笔尖粗细：根据效果图的精细程度和对线条的具体需求，挑选合适的笔尖规格，范围一般为 0.15mm~3mm。

墨水质量：优质勾线笔墨水的颜色浓郁且均匀，具备防水性，不会轻易褪色。

笔身设计：笔身设计需考虑握感，应舒适且不易滑落。

2. 使用方法

起笔稳定：轻缓起笔，尽量避免抖动或突兀的起笔情况。

控制速度：运笔过程中保持匀速，以此画出流畅的线条。

线条变化：通过调整用笔压力，实现线条的粗细变化。

叠加线条：可多次叠加线条，从而增加线条浓度，强化画面的立体感。

3. 使用技巧

保护笔尖：使用过程中要注意避免笔尖与硬物碰撞，以免损坏笔尖。

盖笔帽：使用完毕后及时盖上笔帽，防止墨水挥发变干。

避免反方向运笔：运笔时应朝正确方向，避免刮伤纸面和损坏笔尖。

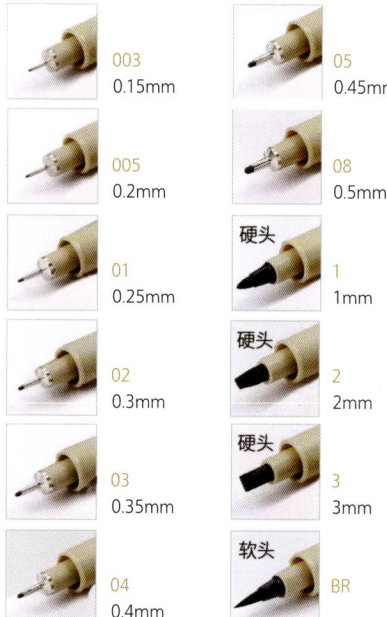

1.1.3　遮蔽胶笔

1. 挑选技巧

黏性适中：撕下遮蔽胶时不会损坏纸面，且不残留胶痕，能有效保护纸面。

宽度形状：具有多样化的宽度和形状，可以适应不同的遮蔽需求。

2. 使用方法

绘制仔细：在需要保护的区域均匀地使用遮蔽胶笔，注意避免出现空隙和褶皱。

撕下缓慢：待上色的画面干燥后，从一端缓慢、均匀地撕下遮蔽胶。

3. 使用技巧

适度按压：防止撕下遮蔽胶时对纸面造成过大拉力。

妥善保存：避免灰尘杂物进入而影响下次使用。

处理胶痕：若有残留胶痕，可用橡皮轻轻擦除。

1.1.4 高光笔

1. 挑选技巧

笔尖质量：笔尖应精细且耐磨，能够绘制出细小高光线条和点。

出墨稳定：要求出墨均匀流畅，既不会断墨，又不会出现墨水堆积的情况。

墨水特性：墨水须具备良好的遮盖力和光泽度，能在不同纸面上清晰显现。

笔身握感：笔身设计要符合人体工程学原理，便于操作。

2. 使用方法

表现高光：精准判断服装上需要突出高光的位置，如褶皱凸起处、反光部位等，然后绘制高光效果。

控制力度：轻轻点缀或绘制线条，以表现自然逼真的效果。

调整分布：依据不同的材质及光线方向，合理控制高光的强度和分布。

3. 使用技巧

避免碰撞：注意保护笔尖，防止其损坏，以免影响出墨和绘制效果。

恢复流畅：若长时间未使用，高光笔墨水可能变干，再次使用前可在废纸上画几下。

适度用力：控制好力度，避免损坏纸面，同时控制墨水的渗透强度。

1.1.5 纤维笔

1. 挑选技巧

笔尖材质：纤维笔的笔尖应柔软且有弹性，能画出细腻线条。

颜色质量：颜色要鲜艳饱满、持久度高，且不易褪色。

试画检验：在纸上试画，检查线条是否顺滑、颜色是否均匀，以及干燥速度是否合适。

笔身设计：要便于握持和控制。

2. 使用方法

绘制细节：常用于表现服装上的绣花、蕾丝等装饰元素。

灵活运用：通过线条粗细变化和色彩组合，营造层次感和立体感。

3. 使用技巧

盖好笔帽：使用后及时盖好笔帽，防止笔尖干燥。

恢复流畅：若长时间不用会导致笔尖干涩，再次使用前可轻轻画几下或用湿布擦拭笔尖。

避免透纸：留意墨水的渗透性，在薄纸上使用时避免用力过度。

1.1.6 彩铅

1. 挑选技巧

特性类型：彩铅分为油性与水性。油性彩铅笔触顺滑，叠色效果出色，色彩浓郁且防水，适合写实风格创作，但上色相对费力，容易产生蜡质堆积。水性彩铅干画时可勾勒出细腻的轮廓，湿画可晕染出自然的效果。

笔芯质地：以水性彩铅笔芯为例，应易溶于水、颗粒细腻，蘸水涂抹时晕染均匀，无沉淀现象，质地软硬适中，方便上色和控制。

颜色品质：颜色应纯正，无灰暗、偏色情况，放置后不易褪色。对于初学者，选择 36 或 48 色套装即可；若用于专业创作，建议选择 60 色以上的套装。

2. 使用方法

干画起稿：与使用铅笔一样，轻轻勾勒物体轮廓，确定形状与比例，便于后续修改。

湿画晕染：完成水性彩铅绘制后，取一支蘸水的毛笔，沿着绘制的线条或色块轻轻涂抹，使色彩自然晕染、过渡均匀。

3. 使用技巧

控制晕染水分：晕染前先在废纸上测试水性彩铅的含水量，避免水分过多而导致颜色洇开。

把控力度：由于笔芯较软，大面积上色时可稍用力，而绘制细节时则需轻下笔，防止笔芯折断。

选适配纸张：建议用 160g 左右的素描纸或专门的水彩纸，这样有利于呈现水性彩铅的晕染效果。

1.1.7 马克笔

1. 挑选技巧

色彩质量： 色彩饱和度高，色调准确且鲜艳。

笔触多样： 一般有宽头和细头两端，宽头用于大面积填充，细头用于勾勒细节。

墨水特性： 了解酒精含量、挥发性、干燥速度和气味，有助于挑选更合适的马克笔。

品牌配套： 优先选择知名品牌，留意是否有补充墨水。

2. 使用方法

改变笔触： 通过调整笔触方向和角度，表现不同质感和光影效果。

阴影绘制： 先用浅色打底，再叠加深色，通过斜向笔触多层叠加来塑造阴影。

粗细结合： 灵活运用不同笔尖，以丰富画面层次。

3. 使用技巧

通风良好： 由于酒精挥发会产生气味，使用时需保持通风。

避免混色： 防止不同颜色的笔尖相互接触，否则会因混色影响色彩纯度。

有限修改： 绘制过程中修改难度较大，需提前规划好绘画步骤。

纸张匹配： 有些纸张可能会导致马克笔颜料渗透和晕染，要注意选择合适的纸张。

1.1.8 毛笔

1. 挑选技巧

笔头材质：选择质地柔软、吸水性强、适合水彩铺色的优质毛笔。

笔头形状：宽且圆润的扁圆头或椭圆头，便于进行大面积铺色。

笔头弹性：笔头须具备一定的弹性，便于掌控颜色和笔触变化。

笔杆质量：笔杆应轻便坚固，握感舒适。

2. 使用方法

调色准备：调好所需水彩颜色，注意控制颜色浓度和色调。

整体铺色：从服装面积较大的部分开始铺色，保持笔触流畅、平整。

局部强调：对关键部位可进行二次铺色或加重颜色，突出重点。

3. 使用技巧

水分控制：把握好含水量，防止颜色扩散过度或因水分不足导致干涩。

笔触衔接：为不同区域铺色时，确保笔触衔接自然，无明显痕迹。

清洁保养：使用后及时清洗毛笔，晾干存放，以延长毛笔的使用寿命。

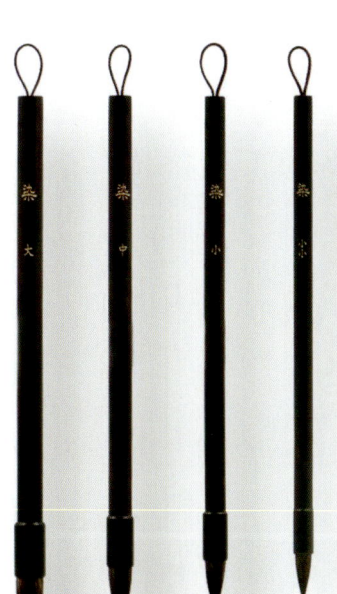

1.2 常用辅助工具与材料

1.2.1 直尺

1. 挑选技巧

刻度清晰：刻度精准且不易磨损。

材质坚固：选用不易变形的材质，如不锈钢或优质塑料。

边缘光滑：直尺边缘应光滑，避免刮破纸张。

长度合适：根据绘画尺寸和实际需求，选择合适长度的直尺。

（作者选用的是 50cm 的直尺）

2. 使用方法

绘制直线：将直尺贴合纸面，沿直尺边缘绘制直线。

构图辅助：利用直尺测量，辅助划分画面比例和标记画面布局。

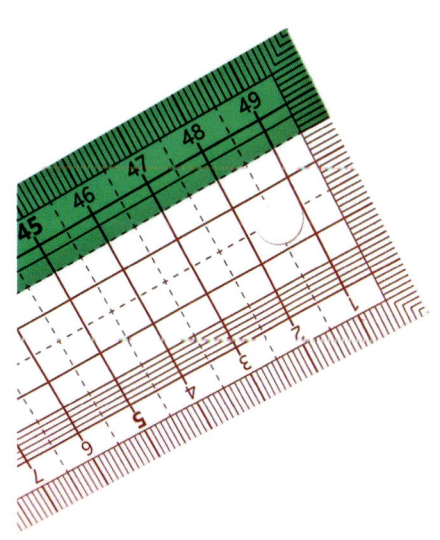

3. 使用技巧

用力均匀：绘制时要用力均匀，以免因直尺滑动而导致线条歪斜。

避免切割：切勿用直尺边缘划破纸张。

存放得当：妥善存放直尺，防止其弯曲、碰撞而影响精度。

1.2.2 画板

1. 挑选技巧

材质稳定：选择坚固不易变形的材质，如实木或高密度纤维板。

表面平整：画板表面应光滑无瑕疵，确保纸张放置平整。

大小适宜：根据绘制纸张的规格和需求，选择大小合适的画笔。（作者选用的是8K画板）

2. 使用方法

固定纸张：用夹子或胶带将纸张固定在画板上，确保纸张平整紧绷、无褶皱。

调整角度：根据舒适度和绘画需求，调整画板的倾斜度或高度。

3. 使用技巧

避免受损：防止重物撞击画板，避免将其置于潮湿环境。

清理整洁：使用后及时清理画板表面的灰尘和颜料残留。

妥善存放：长期不使用时，应妥善存放，防止画板变形。

1.2.3 橡皮

1. 挑选技巧

擦除效果：选用去除绘图痕迹效果好的橡皮，详情可查看产品说明或试用。

质地材质：橡皮质地应柔软细腻，不伤纸张、不易变形，橡胶材质为佳。

尺寸形状：根据个人习惯和使用需求选择，处理细节可选用小巧的橡皮，大面积擦除则用大块的橡皮。

2. 使用方法

整体擦除：大面积修改时，平放进行擦拭，争取一次擦净。

局部精准擦除：针对细节错误，用橡皮边角进行精准处理。

控制力度和角度：根据线条颜色和纸张特性，调整擦拭力度与角度。

3. 使用技巧

纸张保护：薄纸脆弱，擦拭时应格外小心，可以先在不显眼处测试。

保存环境：将橡皮存放在干燥、清洁的环境中，防潮防尘。

避免混用：不同绘图工具绘制的痕迹，尽量不使用同一块橡皮擦拭，以免相互污染。

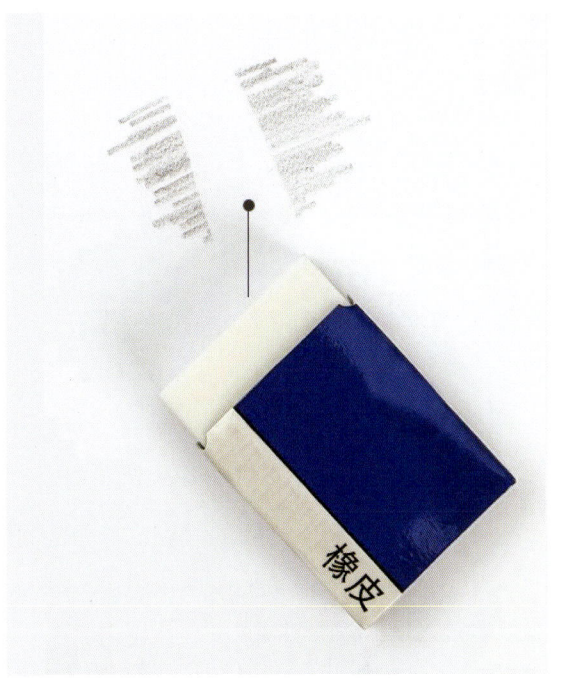

1.2.4 纸胶带

1. 挑选技巧

黏性适中：纸胶带应黏性适中，既不易损坏纸张，撕下后也不会残留过多胶痕。

宽度多样：具有多种宽度规格，以适应不同的固定和划分需求。

材质韧性：材质应柔软、有韧性、不易断裂。

2. 使用方法

固定纸张：使用纸胶带将纸张固定在画板等平面上，防止纸张移动和起皱。

制作边框：通过粘贴纸胶带划分画面区域，可以使画面整洁、规范。

3. 使用技巧

轻缓操作：粘贴和撕下纸胶带时动作要轻缓，避免撕破纸张。

处理胶痕：若有残留胶痕，可用橡皮轻轻擦拭。

存放环境：将纸胶带存放在避免阳光直射和高温的环境中。

1.2.5 水彩颜料

1. 挑选技巧

色彩特性：水彩颜料应具备高饱和度、良好的透明度和较强的扩散性。

品牌口碑：优先选择知名品牌，可参考他人的使用经验。

颜色系列：有 12 色、24 色、36 色、48 色等多种规格。（作者选用的是 36 色固彩颜料）

2. 使用方法

控制水分：通过控制水分与颜料的比例，调出不同浓度和效果的色彩。

混合调色：在调色盘中将不同颜色混合，调出所需颜色后在纸上绘制。

湿画表现：利用水彩颜料的扩散性，以湿画法表现物体的质感和光影效果。

3. 使用技巧

盖紧颜料盒：使用后及时盖紧颜料盒，防止颜料干燥。

避免混色：保持调色工具清洁，避免不同颜色相互混合，影响色彩纯度。

调配比例：注意颜色混合的顺序和比例，准确调出目标颜色。

1.2.6 调色盘

1. 挑选技巧

材质易洁：可选择塑料、陶瓷或不锈钢等材质，表面光滑且便于清洗。

形状大小：调色盘的形状和大小应便于调色操作，可选带有分区凹槽设计的调色盘。

2. 使用方法

混合颜色：根据绘画需求，在调色盘中调出特定色彩。

及时清洗：使用后及时洗净。

3. 使用技巧

彻底清洁：用清洗液或肥皂水洗净调色盘，确保无颜料残留。

避免刮伤：使用的过程中避免刮伤调色盘的表面。

干燥存放：将调色盘存放在清洁、干燥的环境中。

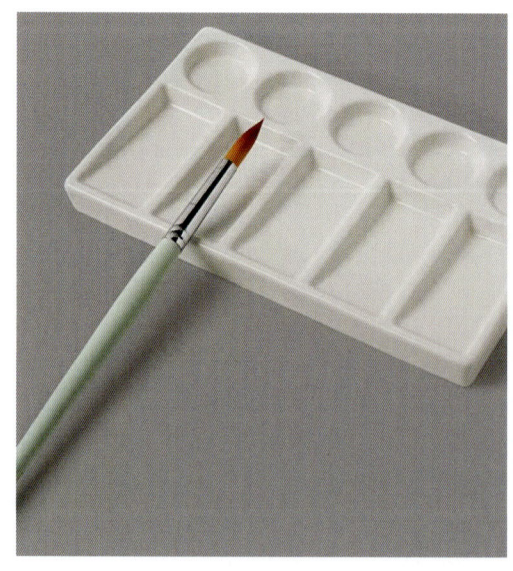

1.2.7 洗笔桶

1. 挑选技巧

容量合适：画笔多且清洗频繁，就选大容量洗笔桶；画笔少且清洗不频繁，使用小容量洗笔桶即可。

材质易洁：陶瓷或不锈钢材质为佳，这些材质的洗笔桶不易残留颜料，便于清洁。

2. 使用方法

加水清洗：向洗笔桶中加入适量清水，初步清洗画笔。

点水润笔：绘画过程中，若画笔稍干，可轻点桶内清水，保持画笔湿润，使绘画更流畅。

3. 使用技巧

定期清理：定期清理洗笔桶，防止颜料沉淀和污渍积累，保持桶内洁净。

放置安全：将洗笔桶放置在安全位置，避免打翻而破坏作品，在狭小杂乱的空间要格外注意。

1.2.8 水彩纸

1. 挑选技巧

吸水性好：优质的水彩纸吸水性良好，能使颜色均匀渗透、融合自然，呈现丰富层次，避免出现水渍和颜料堆积。

规格大小：有8K、4K等规格，8K规格适中，便于操作；4K适合绘制大幅作品。（作者选用的是8K水彩纸）

纹理选择：细纹水彩纸适合绘制细腻作品，中纹的通用性强，粗纹的能表现粗犷质感。（作者选用的是细纹水彩纸）

厚度：较厚的水彩纸不易起皱，适用于多次上色和承受大量水分。水彩纸常见克重有 $200g/m^2$、$300g/m^2$ 等。（作者选用的是 $300g/m^2$）

2. 使用方法

湿润纸张：绘制前可将水彩纸进行湿润处理，让颜色扩散融合，使画面效果更柔和。

调整笔触：根据纸张纹理和绘画主题，控制笔触与水分。

3. 使用技巧

避免褶皱：使用前保持水彩纸平整，以免褶皱影响画面效果。

防潮存放：将水彩纸存放于干燥处，防止变形、发霉。

多层绘制：待前一层颜料干透后，再进行叠加绘制。

1.2.9 马克纸

1. 挑选技巧

表面光滑：马克纸表面越光滑，马克笔颜料的渗透和晕染程度越低，画面越清晰、整洁。

尺寸规格：常见规格有 8K、4K 等。8K 规格大小适中，适合日常练习和一般作品创作；4K 适用于大幅作品。（作者选用的是 8K 马克纸）

厚度：较厚的马克纸，不易起皱，能够承受多次上色。（作者选用 $300g/m^2$ 的马克纸，以保证纸张的稳定性和耐用性）

2. 使用方法

表现效果：常用于绘制色彩鲜明、对比强烈的服装效果图，能够充分展现服装的材质和色彩特点。

笔触运用：充分发挥马克笔的特性，通过颜色叠加和混合，打造丰富的色彩变化和层次感。

3. 使用技巧

保持清洁：绘画过程中注意保持纸面干净，避免污渍和杂质影响画面效果。

存放得当：将马克纸存放在干燥、防潮且避免挤压的环境中，防止纸张变形或受损。

1.2.10 复印纸

1. 挑选技巧

表面光滑：复印纸的表面应光滑，能较好地承载绘图工具留下的痕迹。

厚度适中：复印纸的厚度规格有 $60g/m^2$、$70g/m^2$、$80g/m^2$ 等，通常选择不易透墨的 $80g/m^2$ 复印纸。

尺寸选择：尺寸有 A3、A4、A5 等，根据实际需要进行选择。（作者选用的是 A4 复印纸）

2. 使用方法

日常练习：适合用于初步草图绘制，可快速记录设计想法。

绘画方式：用轻线条打底稿，避免留下擦不掉的痕迹，适合绘制漫画分镜、速写或设计草图。由于复印纸的质地特性，它不太适合反复修改。

3. 使用技巧

纸张强度：使用时避免用力过度，防止纸张破损。

存储环境：复印纸应在干燥的环境中平整放置存储。

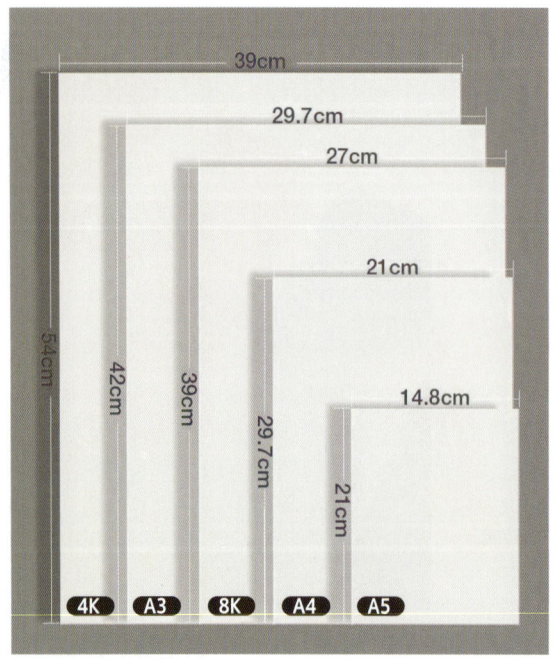

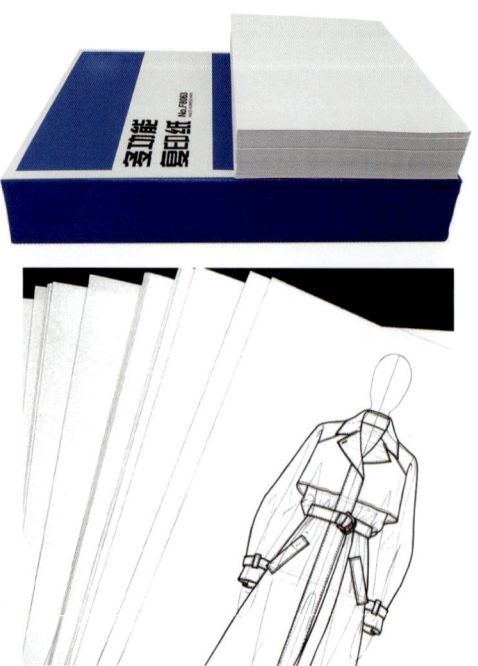

第 2 章

服装设计效果图线稿绘制表现

— 人体结构线稿绘制表现

— 人体着装线稿绘制表现

服装设计效果图线稿绘制是将设计理念可视化的关键环节，涵盖人体结构与着装等多个方面的表现。

在人体结构线稿的绘制中，要把握9头身与9.5头身的人体比例关系，包括长度与宽度的比例划分，如头部、躯干、四肢等部位的尺寸比例，这为准确绘制人体奠定了基础。

在平肩、斜肩走姿人体的绘制中，需注意保持正确的比例、把握姿态角度、体现动态感、保证线条流畅及各部位协调，通过特定步骤逐步构建自然的人体动态。

在正面头部的绘制中，根据"三庭五眼"的标准划分比例，确定五官的位置与形状，同时注重五官神韵、发型适配、线条的表现力等。

在手部的绘制中，要避免结构错误，注意比例协调、线条流畅自然、体现主次虚实并融入整体画面，从基本辅助形到精细刻画逐步完成。

在人体着装线稿的绘制中，紧身型与宽松型服装绘制各有要点。紧身型服装线条需贴合人体绘制，展现包裹感；在宽松型服装的绘制中，要把握好宽松轮廓，体现服装的舒适与随意。具体的绘制步骤包括人体轮廓打底、头部绘制、公主线绘制、服装轮廓及结构线绘制、细节刻画等。

在高腰与低腰服装的绘制中，准确把握腰线位置至关重要，要注重用线条进行过渡。通过确定人体轮廓、公主线与腰线位置，绘制服装轮廓及结构线并完善细节，从而展现不同风格服装的结构特点。

通过对这些内容的学习与实践，大家能够熟练掌握服装设计效果图线稿的绘制技巧，为后续的设计工作提供有力支持。

2.1 人体结构线稿绘制表现

2.1.1 站立9头身与9.5头身人体比例关系

1. 长度关系

▶ **头部**

头顶到下巴尖：长度为1个头长，头长是作为人体绘制基本的测量单位。

▶ **躯干部分**

下巴尖到胸线：长度为1个头长，颈部的长度占这部分的1/3～1/2。

胸线到腰线：长度为1个头长。

腰线到臀底：长度为1个头长。

▶ **上肢部分**

上臂：长度约为1.3个头长。

前臂：长度约为1个头长。

手：长度为2/3个头长。

▶ **下肢部分**

大腿：9头身人体大腿的长度约为2个头长，9.5头身人体大腿的长度为2.2～2.5个头长。

小腿：9头身人体小腿的长度约为2个头长，9.5头身人体小腿的长度为2～2.3个头长。

脚：脚的长度为1个头长。

2. 宽度关系

▶ 头部
左耳到右耳：约 2/3 个头长。

▶ 躯干部分
肩线宽度：约 2 个头宽，与臀宽等宽。
腰线宽度：4/5～1 个头长。
臀线宽度：约 2 个头宽，与肩宽等宽。

▶ 四肢宽度
上肢宽度：上臂最粗处的宽度约为 1/2 个头宽，前臂最粗处的宽度约为 1/3 个头宽。
下肢宽度：大腿最粗处的宽度约为 1 个头宽，小腿最粗处的宽度约为 2/3 个头宽。

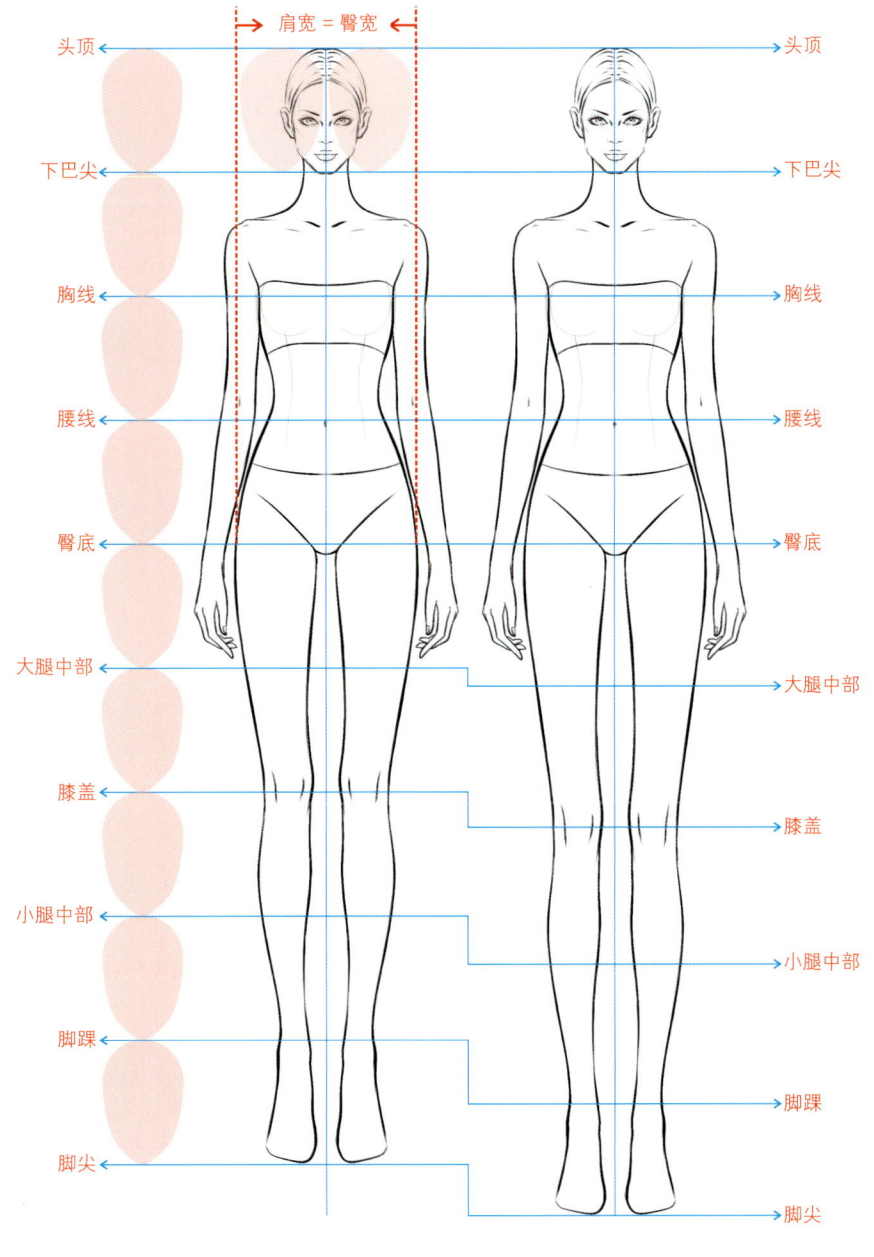

站立 9 头身人体　　站立 9.5 头身人体

2.1.2 平肩走姿 9.5 头身人体绘制表现

一、思路解析

◆ 保持 9.5 头身比例，注意头长等于腰宽。

◆ 准确把握平肩的角度和姿态。

◆ 走姿要自然流畅，体现动态感，同时肩宽等于臀宽，且等于两个头宽。

◆ 线条流畅，避免生硬转折。

◆ 注意身体各部位的协调性。

二、绘制步骤

1 确定整体框架。

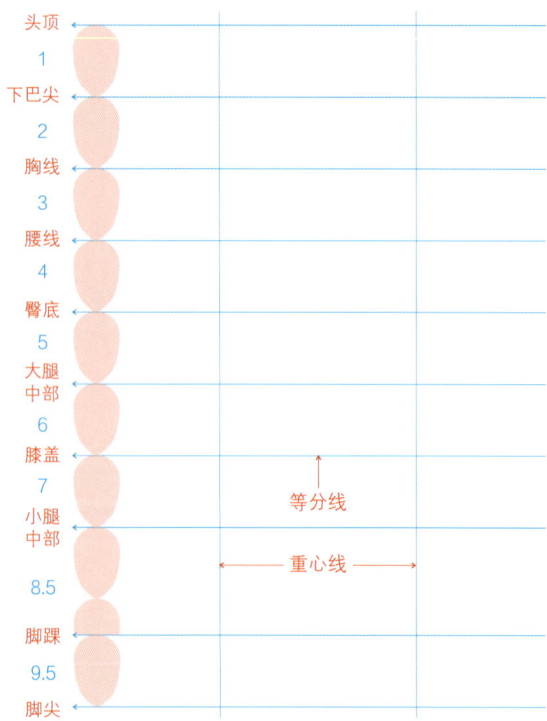

01 准备 8K 纸张，在纸上轻轻画出垂直的线，作为人体的重心线。

02 从纸张顶端向下 3cm 处开始绘制，按照每个头长为 3.5cm 的标准，依次向下画出横向的线条，分别对应头顶、下巴尖、胸线、腰线、臀底、大腿中部、膝盖、小腿中部、脚踝和脚尖的参考线位置，确定人体的比例框架。

2 绘制头部、胸部、臀部的基础形及动态辅助线。

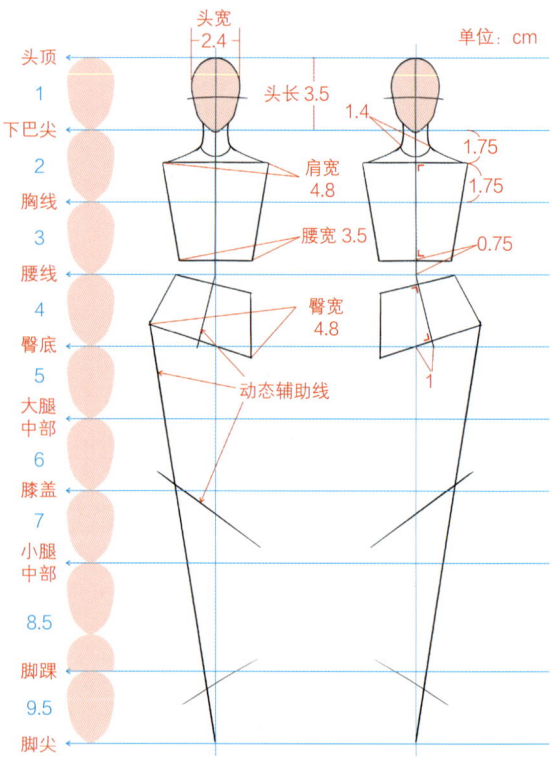

01 从第一条线下面开始绘制头部的基础形，作为头部的大致形状。

02 根据平肩走姿的动态，确定胸部、腰部和臀部的倾斜方向，用简单的几何形状勾勒出胸部和臀部的基础形，同时画出表示身体的动态辅助线，如腰部和臀部的倾斜角度线等。

03 确定着力腿，画出着力腿的动态辅助线，表现出腿部的支撑和发力状态。

3 绘制腿部的轮廓线。

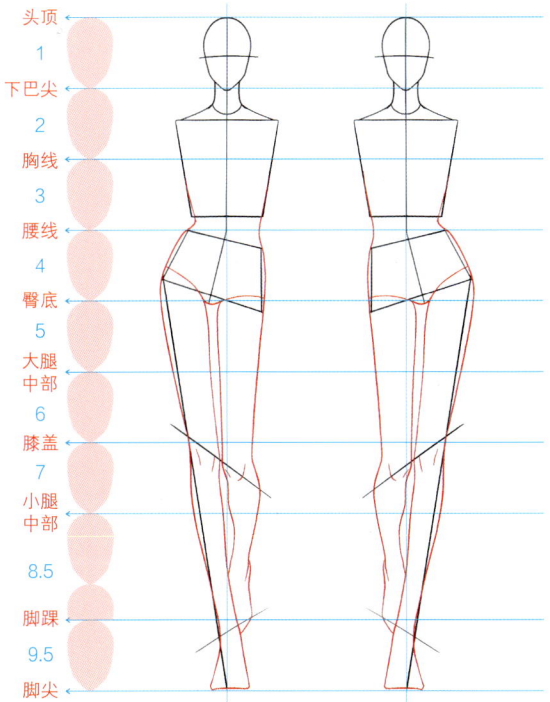

01 根据着力腿的动态辅助线,从臀部开始向下绘制腿部的轮廓线。注意大腿和小腿的比例关系,以及膝盖的弯曲程度和位置。

02 绘制另一条腿的轮廓线,使其与着力腿相互协调,表现出走姿的自然状态。

4 绘制手臂的基础形。

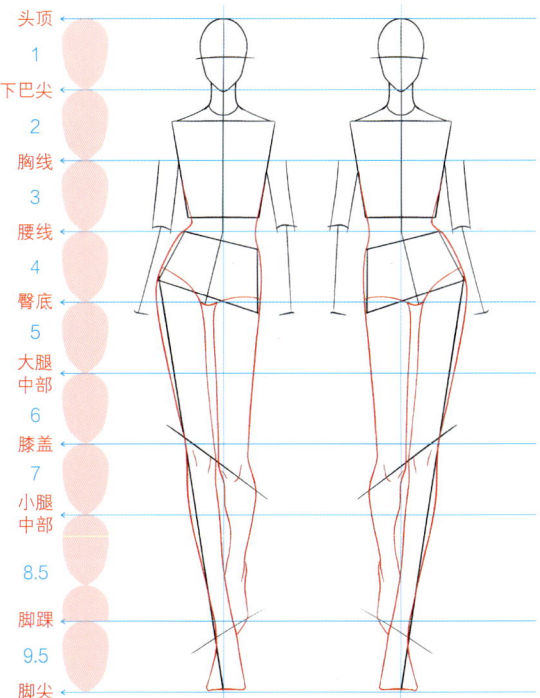

01 根据身体的动态和比例,在胸部两侧确定手臂的位置。(注:可参考腰线来确定肘关节的位置)

02 用简单的几何形状表现手臂的基础形,如用圆弧形表现关节等。(注:先画手臂的内侧线形,再根据手臂的粗细绘制手臂的外侧线形)

5 绘制手臂的轮廓线。

01 在手臂基础形的基础上细化手臂的轮廓线。(注:手臂的长短和粗细要与身体比例协调,同时表现出手臂的动作)

02 根据肩线的位置,画出锁骨的大致形状,使手臂看起来更加完整。

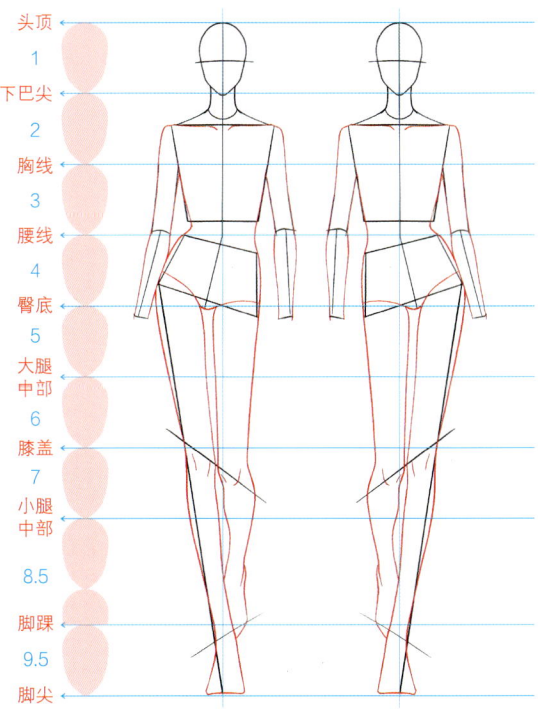

6 绘制头部、颈部、手部的轮廓线。

01 细化头部的轮廓线，添加耳朵的大致形状。

02 绘制颈部的轮廓线，使其与头部和肩部自然连接。

03 细化手部的轮廓线，表现出手指的关节和形态，使手部更加生动、自然。

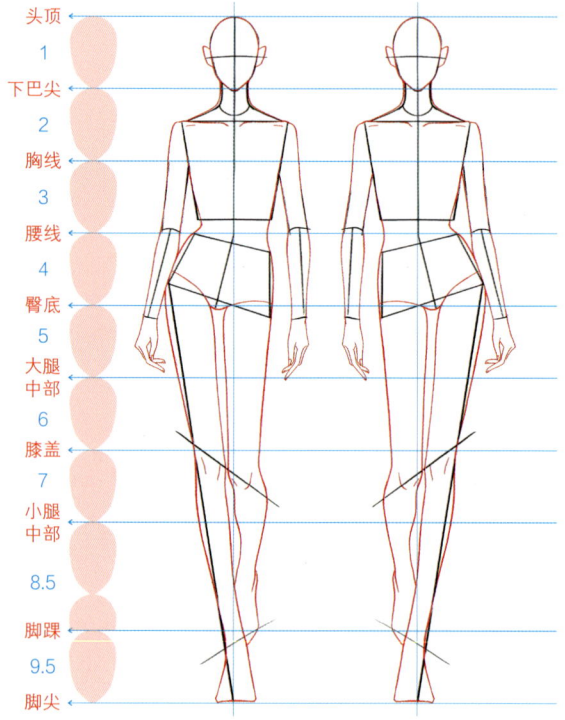

2.1.3 斜肩走姿 9 头身人体绘制表现

一、思路解析

◆ 保持 9 头身比例，注意头长等于腰宽。

◆ 准确把握斜肩的角度和姿态。

◆ 走姿要自然流畅，体现动态感，同时肩宽等于臀宽，且等于两个头宽。

◆ 线条流畅，避免生硬转折。

◆ 注意身体各部位的协调性。

二、绘制步骤

1 确定整体框架。

01 准备 8K 纸张，在纸上轻轻画出垂直的线，作为人体的重心线。

02 从纸张顶端向下 3cm 处开始绘制，按照每个头长为 3.5cm 的标准，依次向下画出横向的线条，分别对应头顶、下巴尖、胸线、腰线、臀底、大腿中部、膝盖、小腿中部、脚踝和脚尖的参考线位置，确定人体的比例框架。

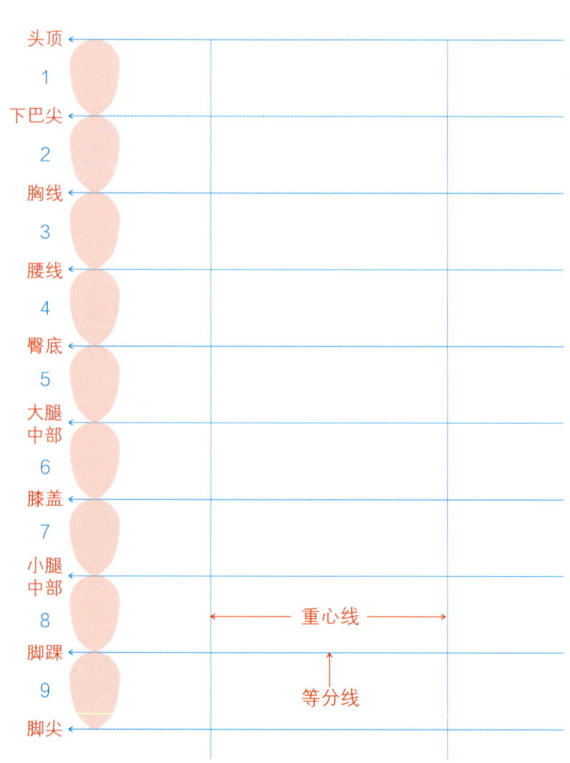

2 绘制头部、胸部、臀部的基础形及动态辅助线。

01 从第一条线下面开始绘制头部的基础形,作为头部的大致形状。(注:头部的动态辅助线倾斜度与肩线保持垂直,可将头部的动态线作为头部的中心对称线)

02 根据斜肩走姿的动态,确定胸部、腰部和臀部的倾斜方向,用简单的几何形状勾勒出胸部和臀部的基础形,同时画出表示身体的动态辅助线,如胸部、腰部和臀部的倾斜角度线等。

03 确定着力腿,画出着力腿的动态辅助线,表现出腿部的支撑和发力状态。

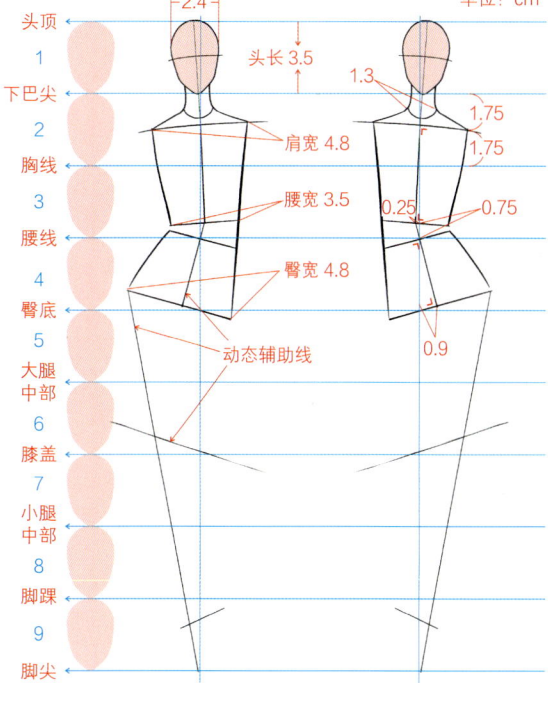

3 绘制腿部的轮廓线。

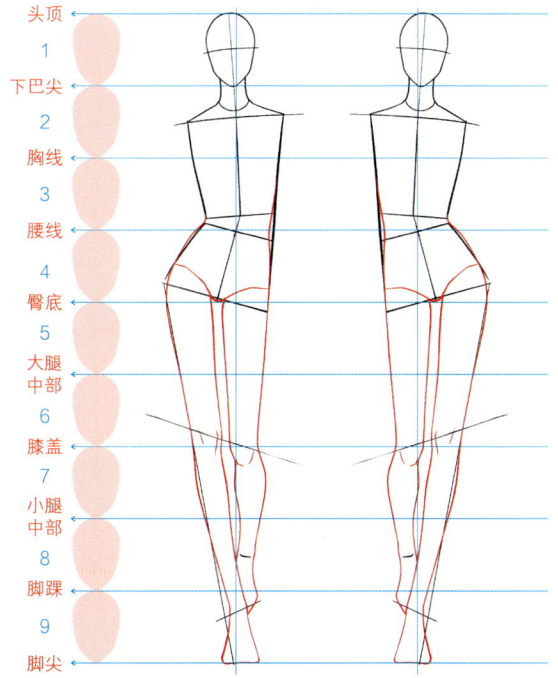

01 根据着力腿的动态辅助线,从臀部开始向下绘制腿部的轮廓线。注意大腿和小腿的比例关系,以及膝盖的弯曲程度和位置。

02 绘制另一条腿的轮廓线,使其与着力腿相互协调,表现出走姿的自然状态。

4 绘制手臂的基础形。

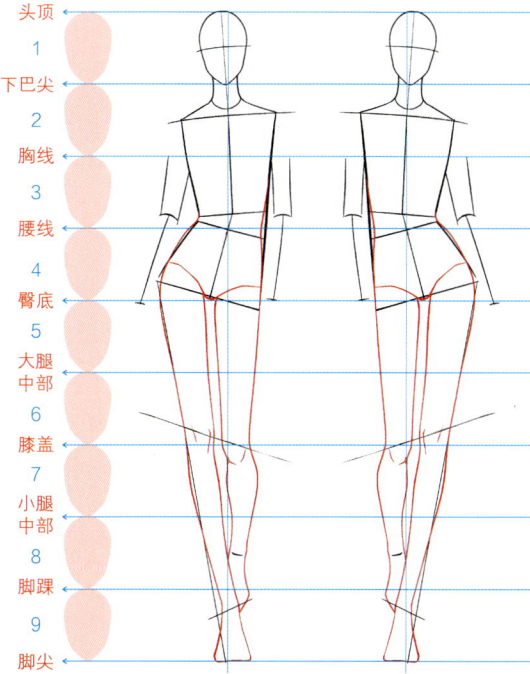

01 根据身体的动态和比例,在胸部两侧确定手臂的位置。(注:可参考腰线来确定肘关节的位置)

02 用简单的几何形状表现出手臂的基础形,如用圆弧形表现关节等。(注:先画手臂的内侧线形,再根据手臂的粗细绘制手臂的外侧线形)

5 绘制手臂的轮廓线。　　　　　　　　　　　　**6** 绘制头部、颈部、手部的轮廓线。

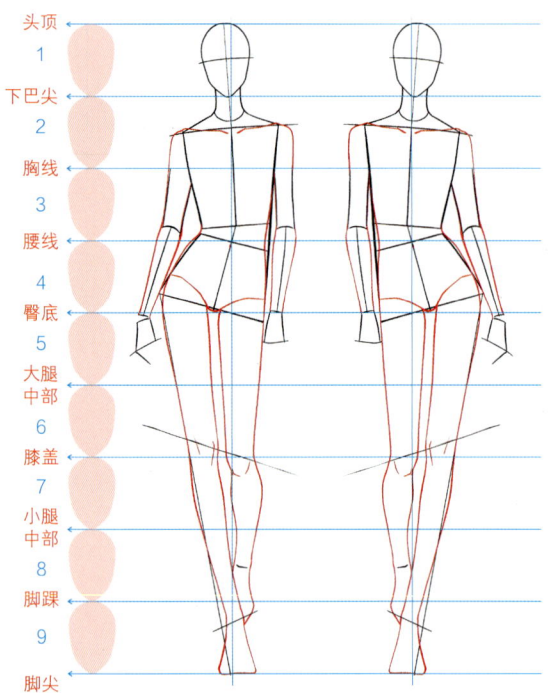
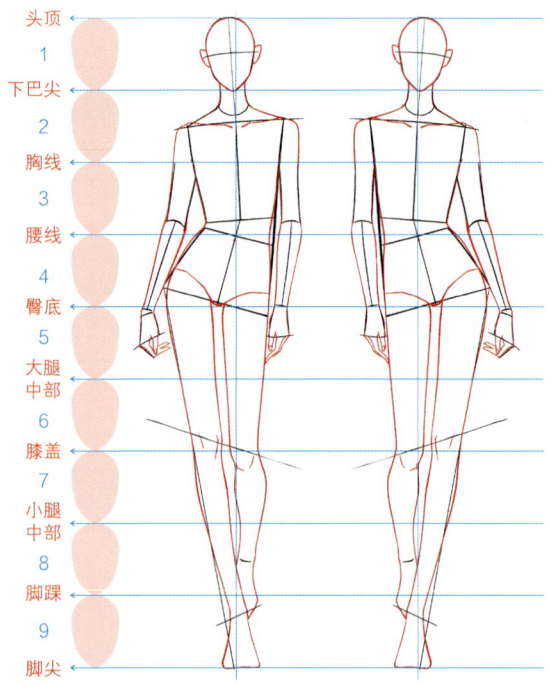

01 在手臂基础形的基础上细化手臂的轮廓线。（注：手臂的长短和粗细要与身体比例协调，同时表现出手臂的动作）

02 根据肩线的位置，画出锁骨的大致形状，使手臂看起来更加完整。

01 细化头部的轮廓线，添加耳朵的大致形状。

02 绘制颈部的轮廓线，使其与头部和肩部自然连接。

03 细化手部的轮廓线，表现出手指的关节和形态，使手部更加生动、自然。

2.1.4　正面头部比例关系

1. 高度划分

"三庭"标准：根据"三庭"标准确定头部的高度。将头长平均分为 3 份："上庭"为发际线至眉骨，"中庭"为眉骨至鼻底，"下庭"为鼻底至下巴尖。理想比例下，"三庭"的长度大致相等，发际线约位于头顶至眼睛的上 1/3 处，但在实际中会存在个体差异。

2. 宽度划分

"五眼"标准：根据"五眼"标准确定头部的宽度。以眼宽为基准，将头部的宽度平均分为 5 份。从正面看，头部最宽处约为 5 只眼睛的宽度。

3. 五官具体位置

眉毛：眉头位于内眼角垂直上方，眉尾通常在鼻翼与外眼角的延长线上。眉毛的长度大约为眼睛长度的 1.5 倍，两眉间距略小于一只眼睛的宽度。

眼睛：眼睛的长度约为头部宽度的 1/5，两眼间距约等于一只眼睛的宽度。眼睛的位置约在头部纵向的 1/2 处，上眼皮处于眉毛到眼睛间距的下 1/3 处。

鼻子：鼻子与中庭等长，即眉骨至鼻底的距离。鼻翼宽度略窄于两内眼角间距，形成相对协调的视觉效果。

嘴巴：嘴巴位于下庭上半部分，唇中线（即上唇和下唇交界形成的线）处于下庭上 1/3 处附近。

耳朵：耳朵的长度与眉毛到鼻底的距离大致相等。耳朵的上缘约与眉骨平齐，下缘约与鼻底在同一水平线上，但因头部角度和个体差异，耳朵的位置会有所不同。

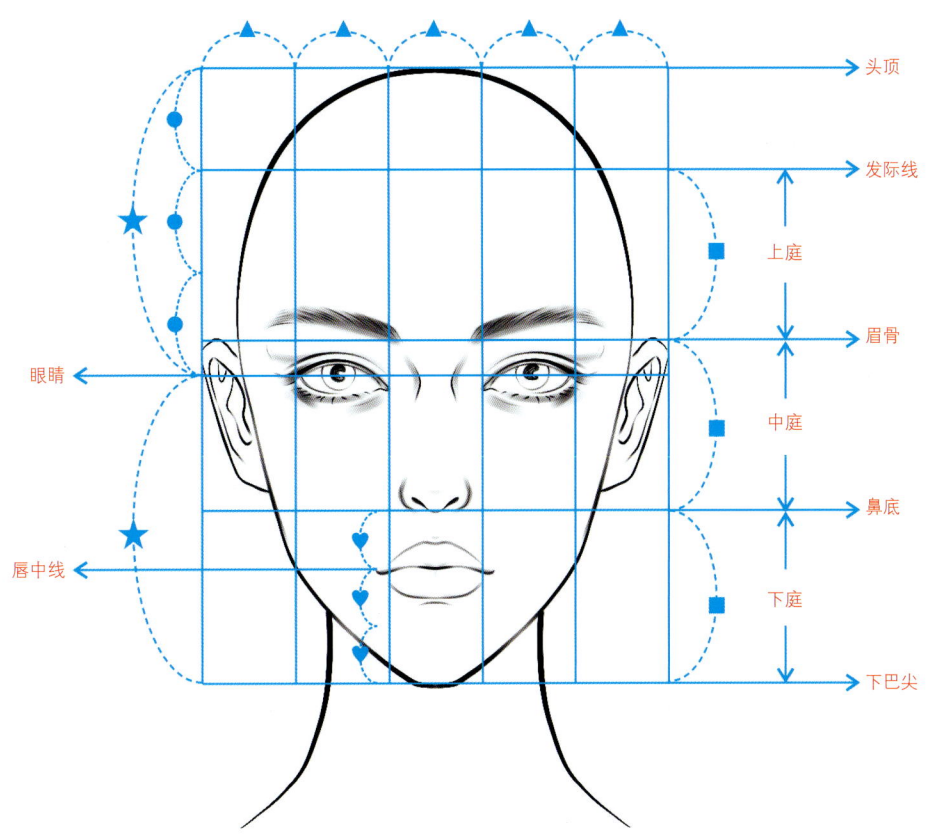

2.1.5 正面头部绘制表现

一、思路解析

- ◆ **比例精准**：遵循"三庭五眼"基本比例，再结合时装画风格灵活调整人物正面头部。
- ◆ **五官神韵**：重点刻画眼睛，精心勾勒眼睑、瞳孔与睫毛，通过线条粗细、疏密表现眼睛的神态。其他五官线条简洁，突出关键结构即可。
- ◆ **发型适配**：发型线条要与时装主题契合。例如，复古时装搭配精致盘发，线条要细腻流畅，体现发丝的纹理与发髻的层次；现代简约风格时装搭配短发，线条要简洁明快，凸显利落感。
- ◆ **线条表现力**：运用线条粗细、轻重变化展现头部结构与立体感。额头、颧骨等突出部位的线条要轻细，表现出受光效果；眼窝、下巴底部等凹陷处的线条要粗重，强调阴影效果。
- ◆ **整体简洁统一**：线稿力求简洁，去除多余线条，保持画面清爽。同时确保线条风格统一，无论是流畅曲线还是硬朗直线，都要贯穿整个头部线稿，增强画面的协调性。

二、绘制步骤

1 确定头部纵向辅助线。

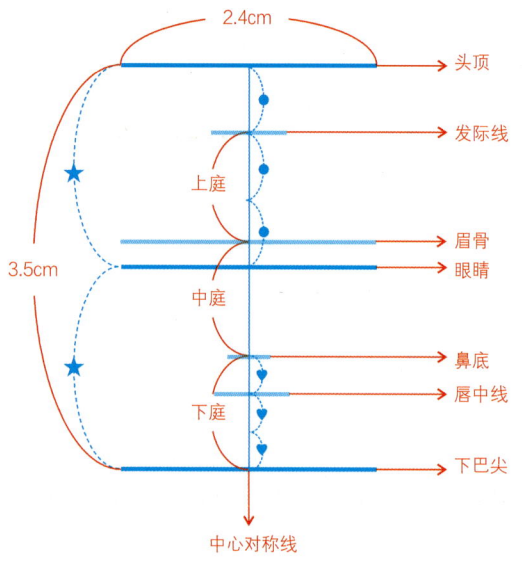

01 头顶、下巴尖：以 8K 纸张为例，绘制一条 3.5cm 纵向中心对称线，其顶端为头顶，底端为下巴尖。在头顶和下巴尖分别画出 2.4cm 的横向辅助线。

02 眼睛：找到头顶至下巴尖的 1/2 处，画出 2.4cm 的横向辅助线，确定眼睛的位置。

03 发际线：找到头顶至眼睛的上 1/3 处，画出横向线条，作为发际线位置的辅助线。

04 眉骨、鼻底：将发际线至下巴尖的高度平分为 3 份，分别在上 1/3 处和下 1/3 处画出横向辅助线，确定眉骨和鼻底的位置。

05 唇中线：找到鼻底至下巴尖的上 1/3 处，画出横向辅助线，确定唇中线的位置。

2 绘制头型轮廓线。

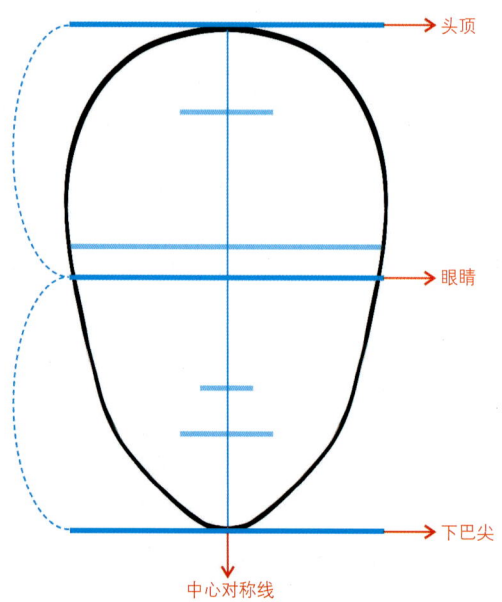

01 借助纵向辅助线，从顶部画出圆润且流畅的曲线，至眉毛处逐渐向内收拢，在下巴尖处形成稍尖弧度，塑造鹅蛋形的头型。（绘制过程中注意参照中心对称线，确保两侧线条对称、协调）

02 细致观察轮廓线，对不够流畅的线条或不对称之处进行微调，使头型轮廓线更加自然、准确。

3 定"五眼"辅助线。

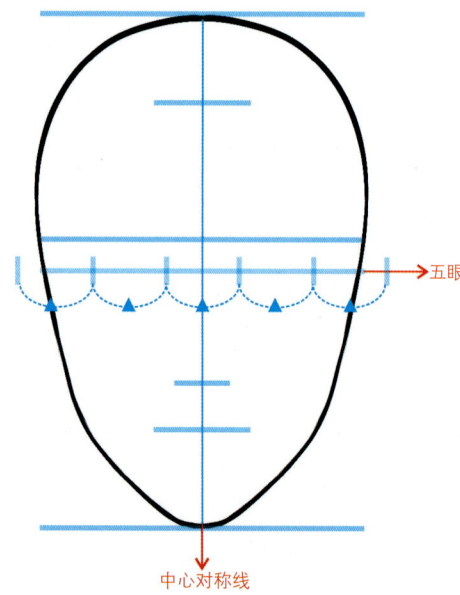

01 以眼睛的辅助线为基准，将头部水平宽度按一只眼睛的宽度平分为 5 份，从左右外眼角向头部外缘延伸，确定至耳朵的间距。

02 两眼间距与单眼宽度一致，由此完成"五眼"辅助线的绘制。

4 描绘五官的基本形。

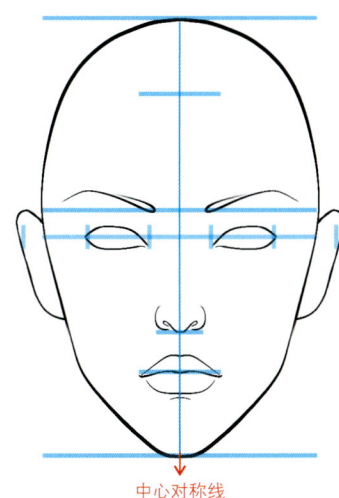

中心对称线

01 眼睛：将眼眶概括为与平行四边形相似的形状，上眼眶的线条圆润、弧度明显，下眼眶较为平缓。

02 眉毛：从内眼角垂直上方的眉毛参考线处起笔，至鼻翼与外眼角延长线处收笔，勾勒出眉毛的轮廓，注意线条粗细、浓淡的变化。

03 鼻子：在鼻底位置画出鼻底的形状，中间为鼻中隔部分，两侧是鼻翼。

04 嘴巴：根据唇中线的位置画出 M 形上唇与圆润下唇的轮廓，通过轮廓线的粗细变化，体现嘴唇的厚度。

05 耳朵：在头部两侧画出耳朵的基本形，注意耳朵的倾斜角度。

5 刻画五官。

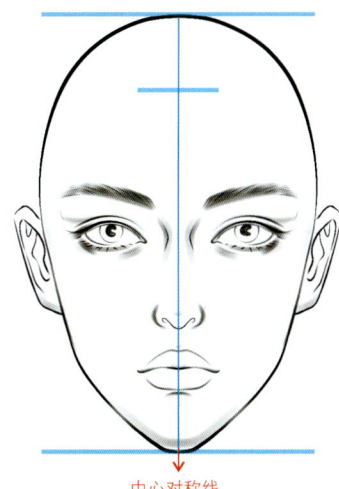

中心对称线

01 眼睛：用流畅、有力的线条加粗上眼睑，通过粗细线条表现投影，用粗线条勾勒瞳孔，用合适粗细的线条表现出睫毛。

02 眉毛：根据时装画的整体风格确定眉毛的走向，如复古风格选择细挑眉、简约风格选择粗平眉。先用轻柔线条画出眉毛的轮廓，再顺着眉毛的走向，用长短不一的线条细致描绘。

03 鼻子：用简洁的线条表现鼻梁及其阴影，然后简化鼻底为几何形状，用粗线条强调鼻翼的阴影，用极细的线条表现鼻孔。

04 嘴巴：用较粗的线条勾勒唇形，根据表情状态用不同的线条描绘嘴角。刻画时可以用细密的短线条表现唇部纹理。

05 耳朵：用流畅有起伏感的粗线条描绘耳朵的轮廓，用简洁的线条表现耳朵的内部结构。

6 绘制常见的发型。

▶ 直发

01 从头顶开始，沿着头部形状向下画出顺滑的线条，注意头发在肩膀、背部的垂落位置和形状。

02 用流畅且疏密均匀的线条表现发丝，线条要从发根延伸到发梢，体现出直发的顺滑感。

03 在头发边缘适当加粗线条，增强头发的层次感。同时，根据光源方向，用稀疏的线条表示受光面，用密集的线条表示背光面，从而塑造立体感。

▶ 卷发

01 勾勒头发的整体轮廓，确定卷发的大致范围和形状。注意，卷发的绘制重点在于表现出卷曲的形状和蓬松感。

02 用不同弧度和长度的弯曲线条表现卷发的卷度。将卷发分组，可以使每组弯曲的方向和大小略有差异，增强卷发的层次感。

03 在卷发的内部用短而弯曲的线条刻画发丝的细节，突出卷发的蓬松感。注意，卷发在靠近脸部和发尾处更密集。

▶ 盘发

01 画出盘发的基本形，通常是圆形或椭圆形。盘发位于头顶或后脑勺的位置。

02 将盘发的发髻部分细致地勾勒出来，表现出发髻的纹理和层次感。可以用一些交叉的线条来模拟头发缠绕的效果，线条要自然、流畅。

03 用轻柔的曲线描绘从发髻中垂落的发丝，增加盘发的生动感。

在绘制盘发时，要注意通过线条的疏密变化来表现头发质感和光泽，体现出受光面和背光面。

▶ 发饰或帽子与发型结合

01 按常规方法绘制发型，头发从头顶顺滑垂落至肩背。

02 在额头上方的合适位置绘制发饰或帽子。注意，被发饰或帽子遮挡的头发的线条要做去除处理，表现出遮挡效果，露出的头发正常绘制即可。

2.1.6 手部绘制表现

一、思路解析

◆ **避免结构错误**：牢记手部骨骼和肌肉结构，避免将手指关节弯曲方向画反或将手腕与手掌连接位置画错，确保符合人体生理结构。

◆ **把握协调比例**：按照常规比例关系绘制手部，避免手掌过大、手指过短等比例失调问题，注意手部的整体美感。

◆ **线条顺畅自然**：绘制手部线条时要一气呵成，在手指弯曲和关节转折处要确保线条顺畅，以体现手部的柔软和灵活性。

◆ **体现虚实主次**：根据手部的结构和光影关系，运用线条的轻重、粗细来表现手部的虚实和主次。受光面的线条要画得轻一些、细一些，背光面和暗部的线条要画得重一些、粗一些，从而增强手部的立体感和层次感。

◆ **融入整体画面**：手部的风格、色调和表现手法要与时装画的整体风格保持一致。如果整幅画是简约风格，手部要画得简洁明了；如果是写实风格，则要表现出手部细节和质感，确保手部与服装、人物姿态等和谐统一。

二、绘制步骤

1 绘制手部的基本辅助线。

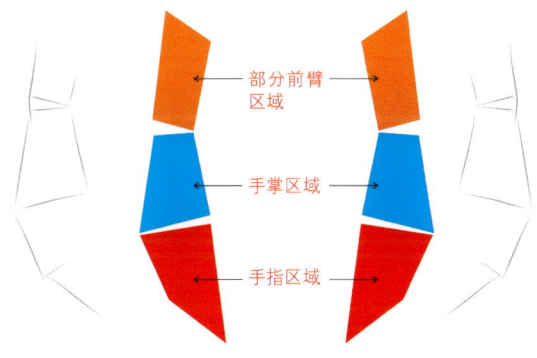

2 细化手指结构。

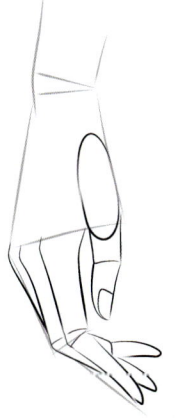

01 确定手部位置与大小：根据时装画的整体构图，用铅笔轻轻勾勒出手部大概的位置和所占的面积。比如绘制人物站姿且手自然下垂时，手位于身体的两侧，长度约为头长的 2/3。

02 勾勒手部轮廓辅助线：将手部简化为几何形状组合。以自然下垂的手为例，手掌区域为梯形，手指区域接近三角形。从手掌延伸出表示手指的线条，先以直线确定手指的大致方向与长度。

01 勾勒手指位置：根据手掌的形状和手部的姿态，用轻线条大致确定手指的位置和长度。手指可以先用简单的直线或曲线表示，然后用小短线标记关节位置，靠近指尖的关节间距稍小。

02 塑造手指形状：在辅助线的基础上，描绘出圆润、自然的手指轮廓。从指根到指尖，表现出手指的粗细变化。注意手指有自然的弧度，从侧面看呈微微弯曲状。比如画食指时，从指根到指尖线条流畅过渡，指腹饱满，指甲根部到指尖线条渐收。

3 刻画手部。

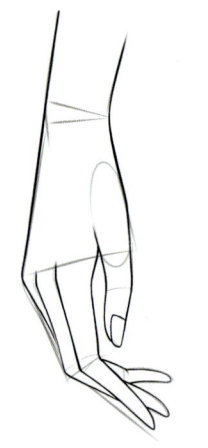

> **01** 描绘手部线条：用轻且流畅的线条刻画手部，注意避免线条过重、过粗。关节处的纹理随手指弯曲的方向在弯曲内侧呈放射状分布，增强手部的真实感。
>
> **02** 调整整体细节：观察整个手部，检查比例和结构是否准确、手指动作是否自然协调。对手指长度不协调、粗细不一致、关节位置有偏差等问题进行微调。注意确保手部风格与时装画的风格统一，比如写实风格需要细腻描绘，简约风格则需要简化处理。

2.2 | 人体着装线稿绘制表现

2.2.1　紧身型与宽松型服装绘制表现

一、思路解析

◆ **紧身型服装线条贴合人体**：绘制紧身型服装时，线条要紧密贴合人体轮廓，精准勾勒胸部、腰部、臀部和腿部线条。例如，绘制紧身连衣裙时，要清晰展现胸部的隆起、腰部的纤细及臀部的圆润，以流畅的线条表现服装的包裹感，避免线条生硬脱节。

◆ **宽松型服装把握宽松轮廓**：着重表现宽松型服装的宽松形态，无须过度刻画人体细节。绘制时，先确定服装的大致外形，用简洁、流畅的线条表现出服装宽松的形态，突出服装的舒适感和随意感。

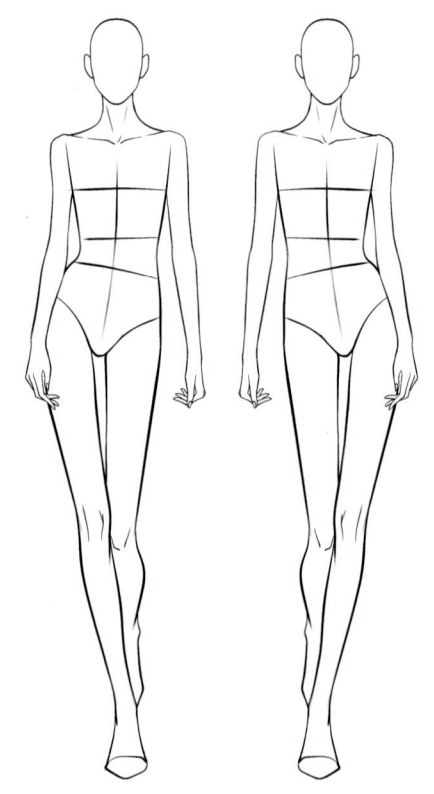

二、绘制步骤

1 人体轮廓打底。

先勾勒人体的基本轮廓，确定人体的比例、动态和姿势。注意把握人体的重心，确保人物站立或做动作时的稳定性。根据要展现的服装款式，选择合适的人体比例，一般服装设计图中的人体比例会使用 9 或 9.5 头身，以突出表现服装效果。

2 头部绘制。

在人体轮廓的基础上绘制头部。先确定五官的位置（如眼睛位于头长的1/2处，眼间距约为一只眼睛的宽度，鼻子约位于头长的下1/3处，嘴巴约位于鼻底至下巴尖的1/2处），再用轻柔的线条大致描绘五官的轮廓，这里重点确定五官的位置和比例，为后续深入刻画奠定基础。

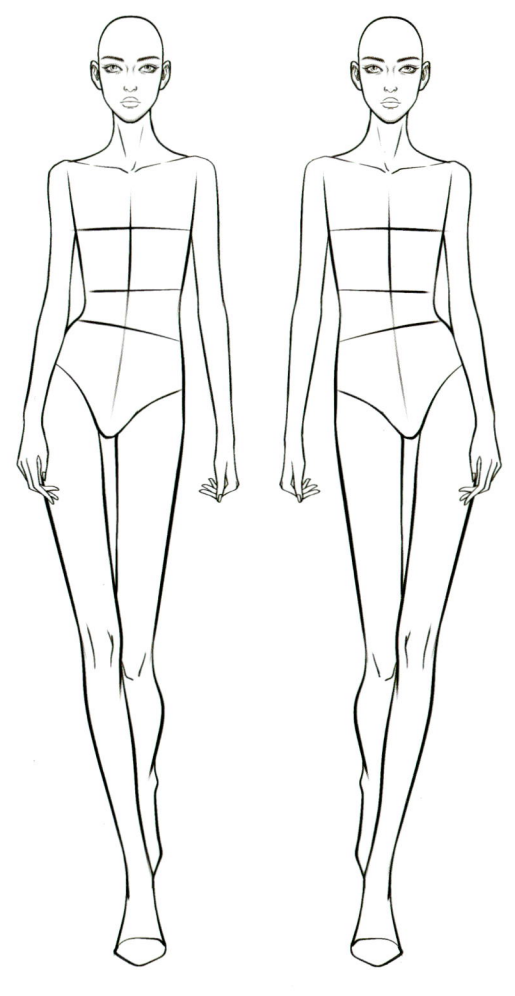

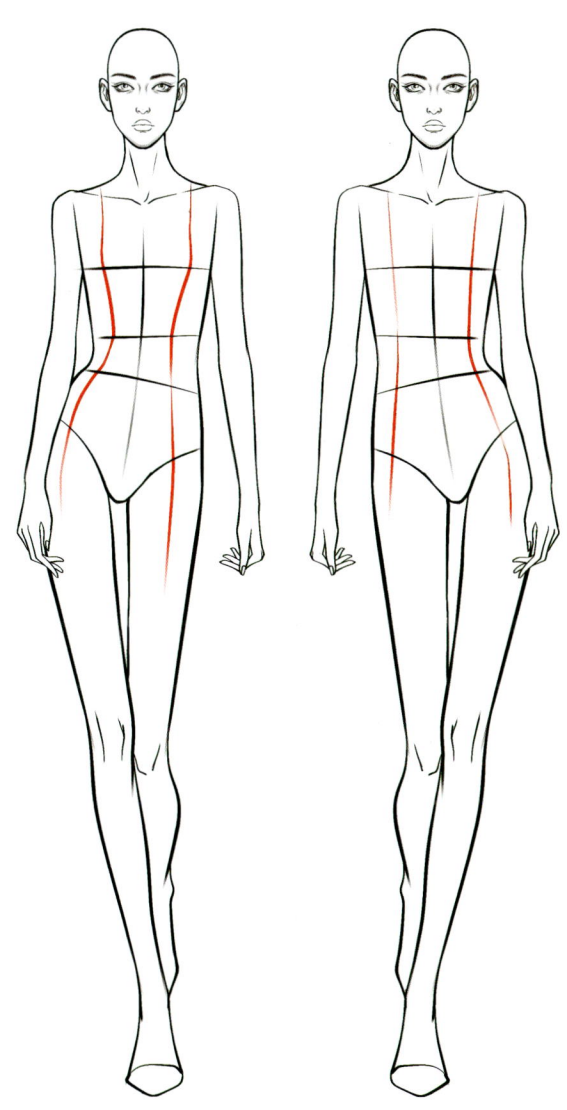

3 人体公主线的绘制。

公主线从肩部开始，经胸部、腰部、臀部直至裙摆，是塑造服装板型的重要线条。

01 紧身型服装：绘制时，要根据人体的曲线，用流畅且自然的线条来表现。在胸部，公主线贴合胸部隆起的弧度，体现胸部的丰满；在腰部，公主线收紧，展现腰肢的纤细；在臀部，公主线贴合臀部曲线，凸显臀部的圆润。公主线为服装外轮廓的精准绘制提供参照。

02 宽松型服装：绘制时，同样从肩部开始，但线条不必过于贴合身体的曲线，在胸部、腰部、臀部注意保持宽松感。稍显柔和、轻盈的公主线，可以为确定宽松服装轮廓提供大致结构框架，有助于更好地把握服装与人体之间的空间关系。

4 服装轮廓及结构线的绘制。

01 紧身型服装：根据人体轮廓和公主线，用流畅的线条描绘服装的外轮廓，注意紧密贴合胸部、腰部、臀部和腿部等身体曲线，展现出服装的包裹感。例如，画紧身连衣裙时，要从领口开始，沿着肩部、胸部、腰部、臀部至裙摆，精准勾勒出身体曲线。

02 宽松型服装：在人体轮廓和公主线的基础上，用流畅、简洁的线条大致确定服装的宽松外形。例如，画宽松连衣裙时，先确定裙子的长度，然后画出宽阔的肩部和自然下垂的下摆，下摆线条可适当带有一些弧度，体现裙子的宽松随意感。

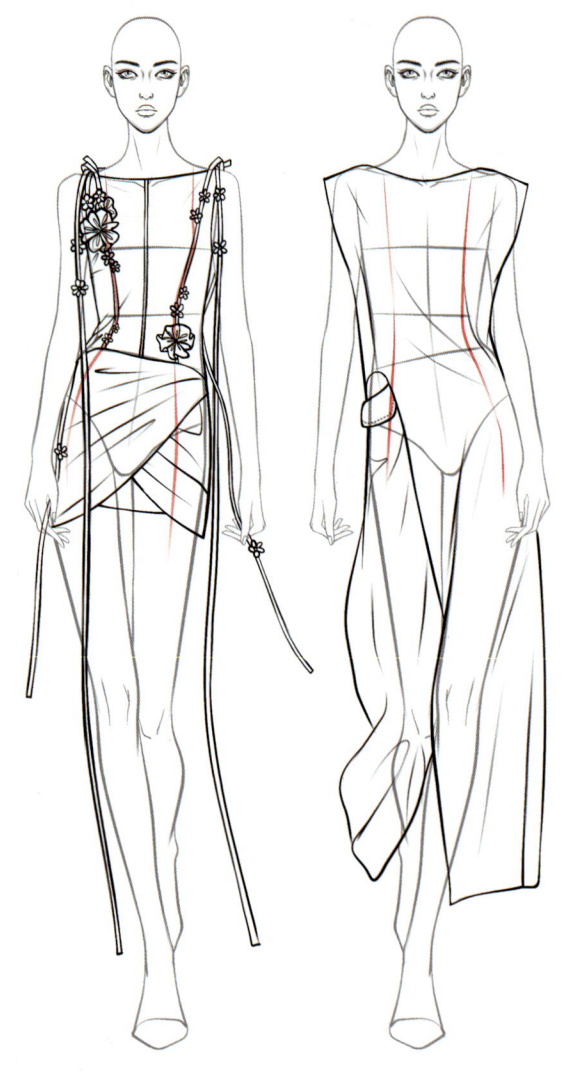

5 刻画并完善。

　　观察绘制好的线条，针对不顺畅或粗细不均匀的线条，用橡皮擦除后重新绘制，确保线条顺滑、自然。完善服装的细节，如纽扣、拉链、口袋等，确保服装完整且符合整体风格。擦除画面中多余的辅助线和草图痕迹，使整个画面整洁干净，突出主要的人体着装线稿。

2.2.2 高腰与低腰服装绘制表现

一、思路解析

❖ **准确把握腰线位置**：高腰服装的腰线位于自然腰线以上，接近胸部下方；低腰服装的腰线在自然腰线以下，通常在胯部附近。

❖ **注重线条过渡**：绘制上衣与下装连接部分时，要确保线条自然流畅，以表现服装的整体感和舒适感。

二、绘制步骤

1 人体轮廓打底。

按 9 或 9.5 头身比例，从头部起笔，依次描绘头部、脖子、肩膀、胸部、腰部、胯部，再依据肌肉的走势画出大腿、小腿及脚部，最后从肩膀开始勾勒手臂，注意手肘与腰线的关系，以及手部的细节表现。

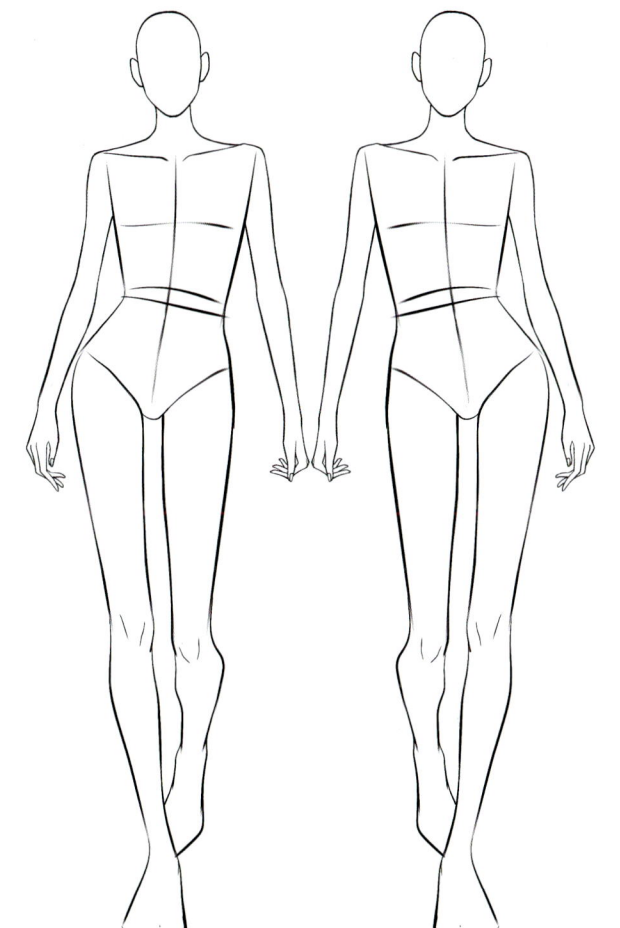

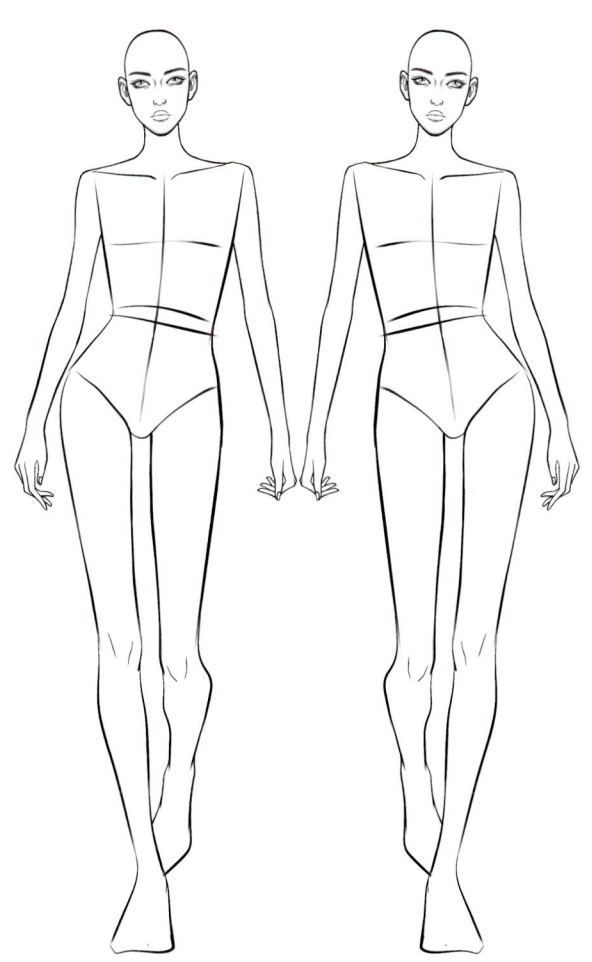

2 头部绘制。

在人体轮廓的基础上绘制头部。先确定五官的位置，再用轻柔的线条大致描绘五官的轮廓，这里重点确定五官的位置和比例，为后续深入刻画奠定基础。

3 人体公主线的绘制与腰线位置的确定。

公主线是塑造服装合身效果的重要线条。高腰或低腰的位置需要根据服装的类型进行精准定位。

01 公主线的绘制：绘制时，要根据人体的曲线，用流畅且自然的线条来表现。在胸部，公主线贴合胸部隆起的弧度，体现胸部的丰满；在腰部，公主线精准贴合最细处；在臀部，公主线贴合臀部曲线，凸显臀部的圆润。公主线不仅能增强服装的立体感，还为后续服装的精准绘制提供参照。

02 腰线位置的确定：高腰服装的腰线通常在自然腰线以上，接近胸部下方；低腰服装的腰线在自然腰线以下，通常在胯部附近。用稍深一些的线条标记出准确位置，这是决定服装风格与比例的重要一步。

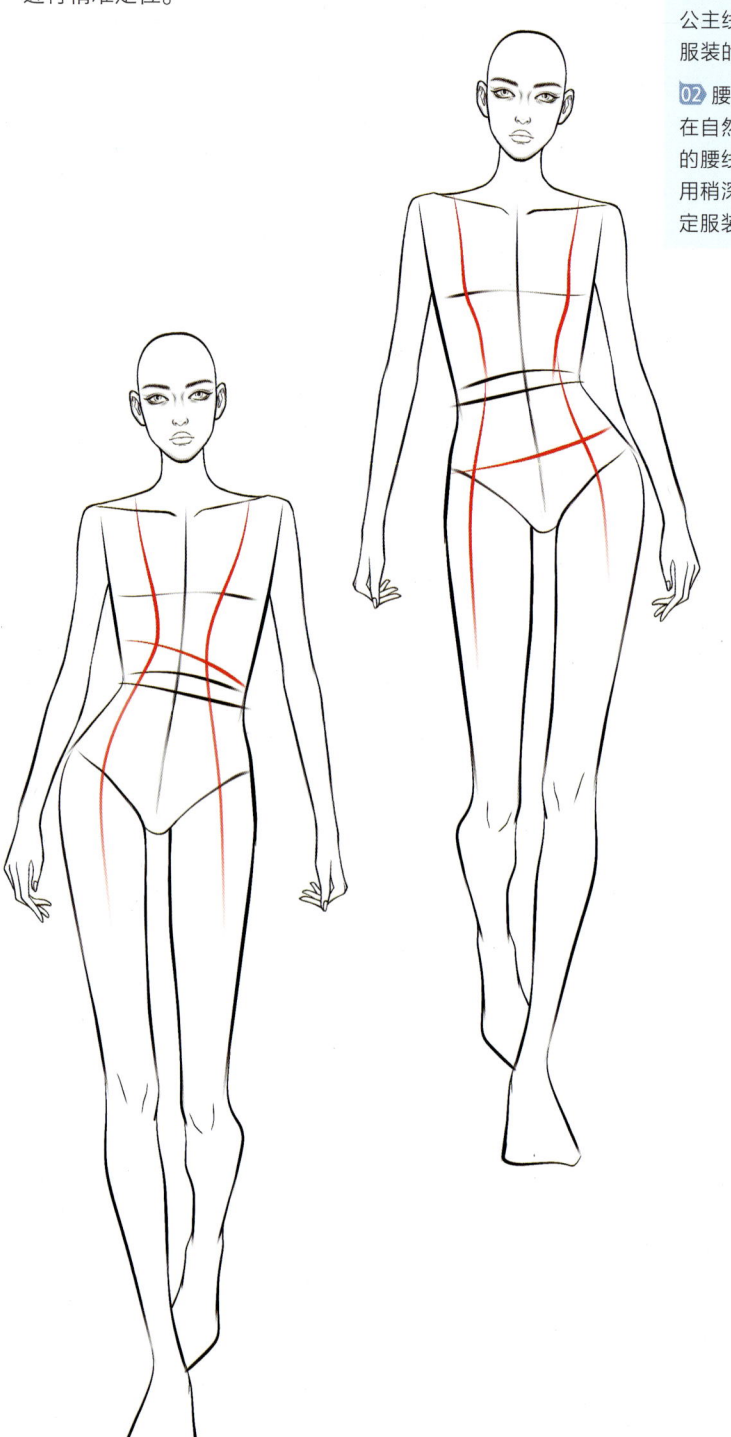

01 高腰服装：从标记的高腰位置起笔，沿人体曲线绘制线条，塑造服装的整体形态。根据服装的款式，绘制上衣。如果有衣袖，可根据手臂的动态和服装的宽松度确定袖子的形状，紧身袖要贴合手臂，宽松袖则在袖口和肩部留出一定的空间。下装以高腰裙为例，从高腰处参照公主线的走势来绘制，注意线条要均匀外扩，裙摆可借助辅助线确定形状。

02 低腰服装：明确低腰位置后，注意用轻柔虚化的线条表现服装的空间感。服装轮廓根据款式来定，短款宽松服装的线条随意，短款紧身服装的线条贴合身体曲线。根据人体的动作和服装的材质，在领口、袖口、腰部、大腿根部等处合理添加褶皱，增强服装的真实感。以低腰裙为例，从低腰处用稍粗的线条绘制裙腰，突出低腰设计；依据人物动作和裙子的宽松度，合理绘制褶皱的数量和方向，展现出服装自然的效果。

4 服装轮廓及结构线的绘制。

　　根据人体轮廓、公主线和腰线的位置绘制服装,注意精准把握线条,展现出不同风格服装的结构特点。

5 刻画并完善。

检查线条的流畅性与连贯性,修正细节瑕疵。补充服装的细节及装饰元素。擦除多余的线条,保持画面的整洁,突出主体。

第 3 章

服装设计
效果图
上色表现

服装效果图
水彩上色表现

服装效果图
马克笔上色表现

在服装设计效果图的绘制中，上色是赋予作品灵魂与生命力的重要环节。水彩和马克笔作为两种极具代表性的上色工具，它们各自具有独特的技法和表现优势。

水彩上色有着独特的技法。例如，湿画法通过趁湿上色实现颜色自然融合与晕染，营造柔和、润泽的效果，适用于表现自然的色彩过渡及光影变化；干画法，即等颜料干透后叠加新颜色，笔触清晰、层次分明，适用于刻画细节。给服饰等对象上色时，要根据光影、材质、款式、风格等因素，灵活运用这些技法，以便展现相应的质感与风格特点，提升效果图的表现力。

马克笔的上色技法多样，平涂、斜向、点状笔触各有作用，运用叠色技巧能够创造丰富的色彩，留白可表现高光。给服饰上色时，要综合考虑多方面因素，通过不同的笔触与色彩搭配，呈现对象的立体感、质感及独特风格，让效果图展现出设计师的设计构思。

水彩和马克笔在服装设计效果图绘制方面各具特点和优势，凭借丰富的技法和适配不同对象的上色思路，它们为效果图增添了生动性与艺术性，助力设计者通过画面展现创意构思，是服装设计效果图绘制中不可或缺的上色工具。

3.1 服装效果图水彩上色表现

3.1.1 水彩绘制的 8 种常见技法

1. 水彩绘制技法解析

▶ **水分运用**

①相同点：水彩绘制技法均需关注水分控制，水分的多少直接影响颜料的流动性、融合效果与干燥速度，是呈现画面透明度、层次与质感的关键因素。

②区别：湿画法与湿破湿画法需较多水分，以营造湿润环境，通过颜色的自然渗透和晕化，展现水彩透明、柔和的效果；平涂法、叠加法、干画法要求水分适中，确保颜色均匀平整、层次清晰；干擦法使用的水分较少，利用干涩笔触表现特殊质感；纸吸法需在颜料未干时操作，通过吸色改变水分分布，塑造特殊效果。

▶ **颜色调和**

①相同点：均需注重颜色调和，确保色彩协调、均匀，符合服装效果图的设计需求，准确表现服装的色彩与质感。

②区别：渐变法着重调出具有明暗深浅变化的色彩系列，实现色彩渐变；叠加法由浅入深叠加颜色，强调各层颜色的协调性与层次感；其他技法根据效果需求调和颜料，如平涂法追求均匀一致，干擦法需使用浓稠的颜料。

▶ **运笔方式**

①相同点：运笔时，需根据技法和表现对象控制运笔方向、力度与速度，以呈现理想效果。

②区别：平涂法采用平行匀速的笔触，保证颜色均匀；叠加法的笔触与底层或图案纹理一致，确保线条清晰；渐变法借助平稳运笔与辅助工具，实现自然的过渡效果；湿画法下笔果断，利用水色融合表现轻薄材质的

飘逸感；干擦法利用画纸纹理摩擦出特殊笔触；干画法依物体结构精细刻画；湿破湿画法快速运笔，引导颜色扩散；纸吸法通过工具轻触画面控制吸色区域。

2.8 种技法详解

▶ 平涂法

平涂法是水彩中最基本的涂色技法之一，通过均匀涂色来表现画面。操作时，需将颜色调和均匀，水分适中，用笔头紧密衔接，平行匀速运笔。注意严格把控水分，确保颜料均匀附着且不过度流动；颜色充分调和，以精准呈现服装色彩；通过稳定的运笔方向与力度，实现色彩平整、画面整洁的效果。

▶ 叠加法

叠加法是指在平涂的基础上，待底层颜料干透后再叠加新颜色，由浅入深逐层绘制，适用于绘制格纹、条纹、印花等图案。每层水分控制与平涂类似，叠加时需根据干燥纸面特性微调，避免底层晕染或分层；颜色调和要兼顾每层的均匀性及层间的协调性；笔触与底层或图案纹理一致，要确保线条清晰规整。

▶ 渐变法

渐变法通过改变颜色的明暗深浅呈现色彩渐变。调色时需调配出具有明暗层次的色阶，运笔时从深到浅平稳过渡，同步控制水分含量（随颜色加深而逐渐减少），注意保持运笔速度和力度均匀、稳定，以实现自然流畅的渐变效果，增强服装的立体感。

▶ 湿画法

湿画法是指在湿润的纸面上着色，利用水色渗透、晕化，体现水彩透明、柔和与滋润的效果。要精准控制纸面湿度（半干半湿为宜），避免过湿或过干影响晕化效果与形态塑造；调色时避免颜色冲突或脏色组合；下笔果断，提前规划运笔方向与速度，利用水色融合表现轻薄材质的飘逸感。

▶ 干擦法

利用画纸凹凸纹理，用含少量水分和少量浓稠颜料的笔头摩擦画面，形成特殊笔触。注意控制好笔头水分与颜料的用量，以适中力度按表现对象质感与形态需求运笔，通过摩擦表现粗花呢、毛衣等面料的独特肌理。

▶ 干画法

干画法是指在前一层颜料干透后叠加新颜色层，常用于表现丰富的层次与光影效果。注意确保底层干透，避免颜色混合后脏污；根据服装光影与质感调配层次丰富的颜色，注重覆盖与融合效果；在干燥纸面上根据服装的形状、结构与光影变化精细刻画，以细腻笔触增强真实感。

▶ 湿破湿画法

湿破湿画法是指先用大量的水湿润纸面，形成待着色区域，再在湿润区域内着色，使颜色自然扩散。注意控制好用水量，避免颜料溢出边缘，影响服装的形态；用于着色的颜色浓度和色调要与底色协调，根据扩散特性调整浓度；在颜料未干时迅速运笔，引导颜色扩散，形成独特的晕染效果或图案。

▶ 纸吸法

在颜料未干时，用宣纸、海绵、纸巾或干净的画笔轻触画面吸色，这样可以表现烟雾、云朵、浪花等效果。注意把握吸色时机（颜料半湿状态），选择合适的工具，控制接触面积和力度，通过吸色区域的精准把控实现特殊的纹理效果。

3.1.2 头部水彩上色表现

一、思路解析

◆ 线稿

①比例精准：按头部长宽比例及三庭五眼的比例定位五官，避免比例偏差。

②发型贴合结构：根据头部结构梳理头发层次，合理分组；用不同线条描绘不同发型，如盘发顺着发缕、直发用长直线、卷发用交错曲线。

◆ 上色

①自然清透肤色：调配清透自然的肤色时，适度稀释颜料，通过薄涂多次实现通透感。

②柔和过渡：运用湿画法晕染皮肤明暗交界处，避免色块生硬，确保色彩过渡自然。

③清晰层次：根据光源区分受光区和背光区，正确表现明暗对比，避免反差过强。

◆ 细节

①精致五官：精细刻画五官——眼睛注重眼球结构和高光，眉毛随毛发走向绘制，鼻子突出立体感，嘴唇表现出唇纹与光泽。

②统一妆容：妆容色调要与肤色、整体风格协调，各部分色彩相互呼应，避免冲突。

二、盘发绘制步骤

1 头部起稿：用红色自动铅笔按 3∶2 的长宽比例勾勒头型，根据三庭五眼的比例定位五官，细致绘制盘发的发髻穿插、叠压关系，展现发型的整体感。

2 彩铅打底：用棕色勾线笔勾勒眼线、眼珠、鼻孔、唇中线，用黑色勾线笔强化眼线、睫毛、眉毛。用红色彩铅在眉弓下、唇部等处轻绘明暗效果，构建面部光影基础。

3 第一遍上色：用土黄、朱红加水调出皮肤固有色，平涂皮肤部分，颜料干透后晕染鼻底、唇部。用黑色加水调成灰色，平涂头发，注意受光面略浅。

4 第二遍上色：在第一遍肤色的基础上加玫瑰红、群青，绘制皮肤的暗部，塑造五官的立体感。用深灰色表现头发的明暗层次。

5 第三遍上色：在上一步的基础上添加玫瑰红、群青调出更深的肤色，进一步加深皮肤暗部，增加明暗层次。用黑色深化头发的暗部，注意自然表现发际线处。

6 第四遍上色：用黑色勾线笔细刻五官，如眼线、瞳孔、下睫毛。用红色彩铅增强眼窝、唇部的饱和度，用蓝色彩铅加深耳部、颈部阴影。用黑色彩铅添加发际线、鬓角等处的碎发，增强头发的灵动感。

三、长直发绘制步骤

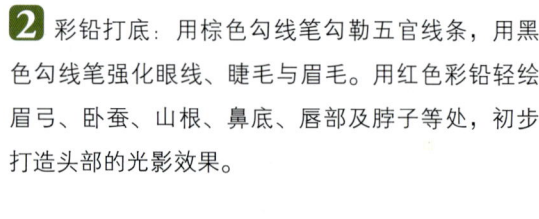

1 头部起稿：用红色自动铅笔按3∶2的长宽比例勾勒头型，再按照三庭五眼的比例定位五官。然后细致描绘长直发的分组及走向，明确发丝层次，为后续绘制奠定基础。

2 彩铅打底：用棕色勾线笔勾勒五官线条，用黑色勾线笔强化眼线、睫毛与眉毛。用红色彩铅轻绘眉弓、卧蚕、山根、鼻底、唇部及脖子等处，初步打造头部的光影效果。

3 第一遍上色：用土黄、朱红加水调出皮肤固有色，平涂皮肤部分。待颜料干透后，用干净的画笔晕染鼻底与唇部，使色彩过渡自然。接着，用土黄、中黄加水调出浅黄色，沿发丝走向平涂头发。在第一遍肤色的基础上加入玫瑰红、群青，在脖子、锁骨等处绘制阴影。

4 第二遍上色：继续在眉弓、卧蚕、鼻底、鼻侧等处绘制阴影，塑造五官的立体感。用土黄、朱红加少量的水调成红棕色，表现头发的暗部，增强头发的立体感。

5 第三遍上色：在上一步的基础上添加玫瑰红、群青调出更深的肤色，进一步加深皮肤暗部，增加明暗层次。用深红棕色描绘头发的暗部，将发际线处的头发处理自然，并清晰表现出发丝与耳朵、脸部、颈部、肩部的关系。

6 第四遍上色：用黑色勾线笔细化五官。用红色彩铅增强眼窝、鼻底、唇部等处的饱和度，用蓝色彩铅加深耳朵暗部与颈部投影。用棕色勾线笔添加发际线、鬓角等处的碎发，让头发更显灵动、飘逸。

四、长卷发绘制步骤

1 头部起稿：用红色自动铅笔勾勒头型与五官。绘制卷发时，用抖动曲线表现卷发的卷曲形态与蓬松质感，合理分组。

2 彩铅打底：擦淡线稿后，用棕色勾线笔勾勒五官线条。用黑色勾线笔强化眼线、睫毛与眉毛。用红色彩铅轻绘眉弓下、卧蚕、山根、鼻底、唇部及脖子等处，构建头部的光影基础。

3 第一遍上色：用土黄、朱红加水调出皮肤固有色，平涂皮肤部分。待颜料干透后，用干净的画笔轻轻晕染鼻底与唇部，使色彩过渡自然。接着，用土黄加水调出淡黄色，平涂头发，注意受光面颜色稍浅。

4 第二遍上色：在第一遍肤色的基础上添加玫瑰红、群青，调和后在眉弓、卧蚕、鼻底、鼻侧及脖子等处绘制阴影。用黄棕色以交错的短曲线笔触表现头发的暗部层次。

5 第三遍上色：加深皮肤的阴影色，强化面部的立体感。用土黄、熟褐加少量的水调成深黄棕色，表现头发的暗部，着重加深发丝与耳朵、颈部之间的暗部。

6 第四遍上色：用黑色勾线笔细化五官。用红色彩铅增强面部重点区域（如眼窝、鼻底、唇部等）的饱和度，用蓝色彩铅加深耳朵、颈部的暗部。用深棕色彩铅添加碎发，增强卷发的灵动感。

3.1.3 人体水彩上色表现

一、思路解析

◆ 线稿

①贴合人体结构：泳装线条要紧密贴合人体轮廓与姿态，为上色提供准确的形状参考。注意线条流畅自然，避免生硬弯折或比例失调。

②保持线稿清晰：绘制时避免线条杂乱或模糊，使用橡皮擦修改后要将痕迹清理干净，防止干扰上色效果。

◆ 上色

①选色清透：选用高透明度水彩颜料，调色时多加水，通过多次薄涂叠加达到理想浓度，呈现清透的视觉效果。

②笔触自然：上色时，保持运笔方向和力度一致，趁前一笔颜料未干时快速衔接，利用颜料的流动性自然融合，避免出现明显的笔触痕迹及接痕。

③光影契合姿态：根据人体动态（如走姿、坐姿）确定光影分布，准确表现出因姿态变化而产生的光影和色彩变化。

◆ 细节

①图案随形：绘制服饰图案时，要贴合人体结构起伏，根据人体曲线相应调整图案的形状和大小，确保图案自然附着在服饰上。

②强化对比：突出图案的大小、明暗、虚实、主次对比。例如，主要的图案用较深、较实的色彩强化，次要的图案用较浅、较虚的色彩弱化，从而增强画面的层次感。

二、绘制步骤

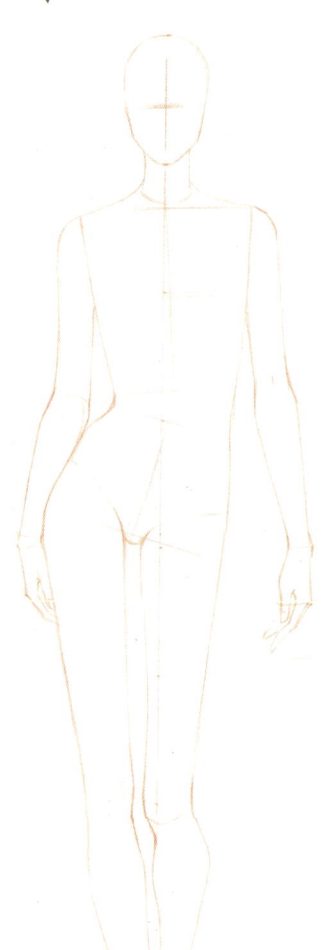

1 人体起稿：用橘色自动铅笔勾勒人体轮廓，重点把握胸腔与胯部的扭转关系，以简洁的大体块概括出右腿前迈的走姿动态，确保重心落于右脚。

2 头部与着装起稿：用黑色与橘色自动铅笔刻画五官（依次描绘眼睛、眉毛、鼻子、嘴巴、耳朵），按发丝走向绘制盘发，处理好发髻叠压关系。接着，以流畅的线条绘制泳装，通过轻重笔触增强泳装的立体感与生动感。

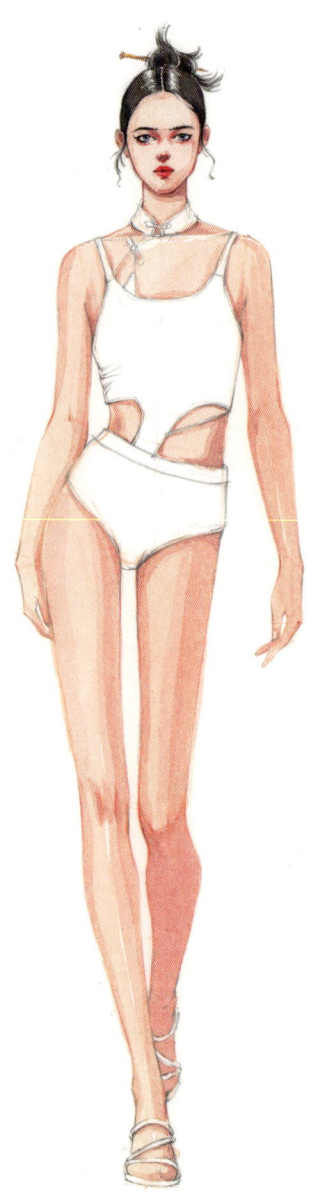

3 头部刻画与人体上色。

01 用棕色和黑色勾线笔描绘眉毛、眼线、眼珠、睫毛等，用红色彩铅涂抹眼窝、卧蚕、鼻底及嘴唇等的明暗。

02 擦淡线稿，用土黄、朱红加水调出皮肤固有色，平涂皮肤。接着，添加玫瑰红、群青，绘制皮肤的暗面，塑造立体感。

03 用黑色加水调色后平涂出头发底色，注意在头顶转折处留白。待颜料干透后，用深灰色沿发丝走向绘制暗部。在鬓角添加飞扬碎发，增强飘逸感。

第 3 章 服装设计效果图上色表现

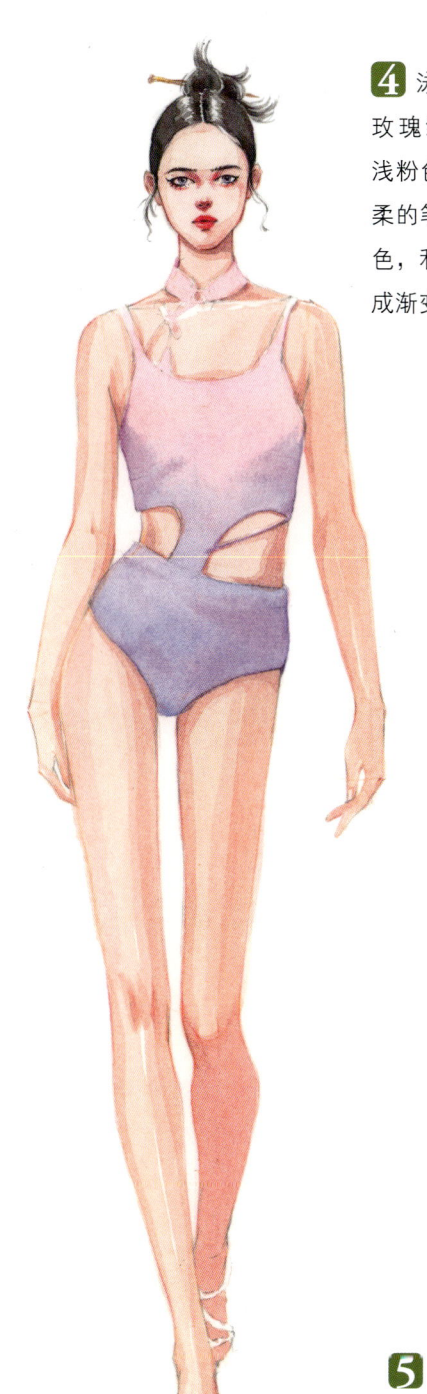

4 泳装第一遍上色：用玫瑰红与白群加水调出浅粉色和浅紫色，并以轻柔的笔触平涂出泳装的底色，利用水分自然晕染形成渐变效果。

5 泳装第二遍上色：往浅粉色中加少许洋红，往浅紫色中加少许群青，调和出泳装的阴影色。将调配好的颜色涂抹在领口、胸腔侧面、盆腔侧面等转折面，强化光影效果与立体感。

-43-

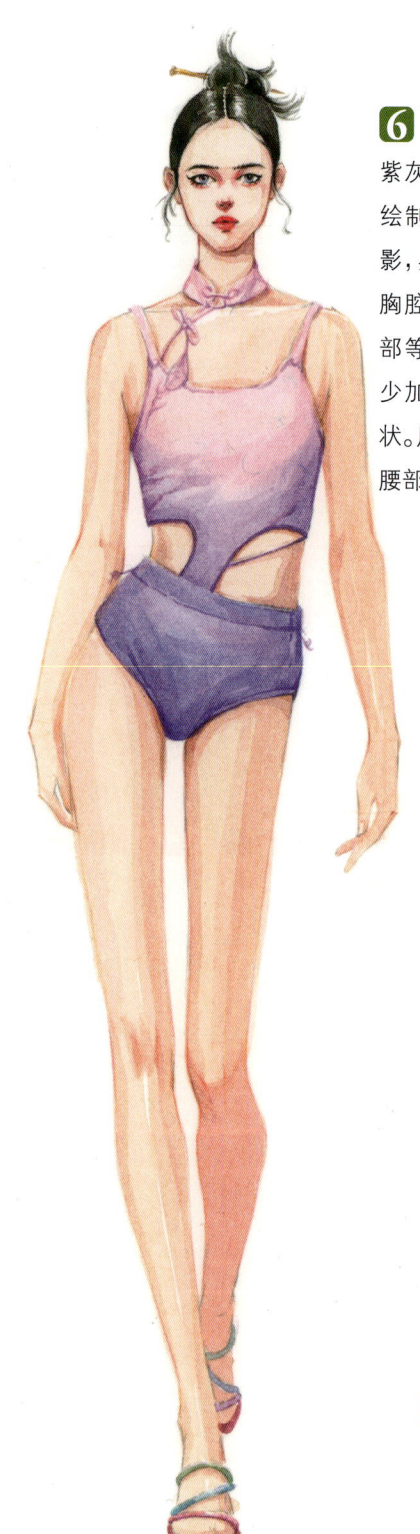

6 泳装第三遍上色：用紫灰色混合群青、土黄，绘制泳装更深的暗面与投影，具体包括领子内侧面、胸腔侧面、盆腔侧面及裆部等位置。绘制时，注意少加水，精准把控轮廓形状。用紫色勾勒立领、盘扣、腰部绲边等，突出细节。

7 图案绘制与上色：用紫灰色勾勒花纹的浅色部分，用松石蓝与钴蓝绿调出蓝绿色并绘制花纹的山体部分，通过大小、明暗、虚实、主次的对比，增强图案的层次感与艺术感。

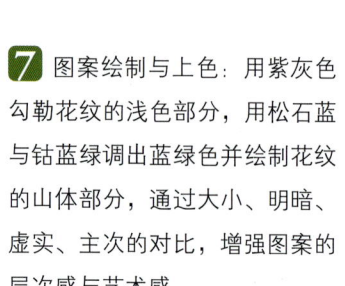

3.1.4 配饰水彩上色表现

一、思路解析

❖ **线稿**

①**轮廓勾勒**：运用流畅自然的线条，精准勾勒出配饰的大体轮廓，明确其基本形状与比例。

②**结构与透视处理**：绘制时，关注配饰的结构，准确处理透视关系（如包包不同角度的透视变化），呈现真实的空间感。

❖ **上色**

①**明暗关系塑造**：先确立大体的明暗关系，根据光源的方向区分受光面与背光面，然后通过色彩深浅对比初步塑造立体感。

②**质感呈现**：结合材质的特性，利用色彩浓淡、干湿变化等表现配饰的质感。

❖ **细节**

①**图案刻画**：清晰描绘配饰的图案（如鞋子上的印花、包包上的图案），确保线条连贯、形状准确。

②**整体细节协调**：除图案外，还要兼顾配饰的其他细节，如拉链、纽扣等，刻画时注意与整体风格一致（如复古包搭配古铜色拉链），增强配饰的真实感与精致度。

二、鞋子绘制步骤

1 起稿：用黑色自动铅笔概括出鞋子的轮廓，精准表现鞋子的结构与透视关系，细致描绘鞋子上的图案。

2 鞋子第一遍上色：用土黄加大量的水调出浅黄色，然后轻柔地平涂鞋子，大致表现出鞋子的明暗关系。铺色时，注意区分前后鞋的明暗差异。

3 鞋子第二遍上色：待第一遍上色干透后，用土黄混合熟赭调出红棕色，绘制鞋子的灰面与暗面，明确大体的明暗关系。

4 鞋子第三遍上色：在红棕色中加入熟褐和少量的水调出深棕色，强化鞋子的暗面。注意加强前面鞋子的明暗对比，减弱后面鞋子的明暗对比，以体现空间层次。

5 图案绘制与上色：调和绿灰色和深棕色，细致地勾勒鞋子的花纹，然后用白色表现高光，注意高光的明暗变化。刻画装饰线、鞋扣、鞋跟等细节。

三、包包绘制步骤

1 起稿：用黑色自动铅笔概括出包包的轮廓，表现其结构与透视关系，细致勾勒包包上的图案。

2 包包第一遍上色：用群青加大量的水调出浅蓝色，平涂出包包的底色。注意根据光源的方向在受光面留白，以表现光影层次。用土黄加水平涂包带，确保均匀覆盖。对其他装饰进行大致上色。

3 包包第二遍上色：往浅蓝色中加群青调出深蓝色，绘制包包的灰面与暗面，注意区分包包内侧与外侧的明暗关系。用黄褐色表现出包带的暗部，用粉红色与浅蓝色平涂出图案的底色。大致表现其他装饰的明暗关系。

4 包包第三遍上色：用群青混合普鲁士蓝与少量的水调出深蓝色，加深包包的暗部。用深红色与深蓝色表现图案的暗部，增强立体感。

5 图案绘制与上色：控制好笔尖的水分，细致刻画图案的明暗层次，用白色点出高光。用土黄混合熟褐调出深棕色，强化包带的暗面。

四、帽子绘制步骤

1 头部起稿：用红色自动铅笔按3：2的长宽比例绘制头部轮廓，根据三庭五眼的比例定位五官，然后细致描绘五官与发型。随后，在头部绘制帽子，注意表现出帽子的厚度与松量，细致勾勒帽子上的细节。

2 为人物上色。

01 用棕色和黑色勾线笔勾勒眼线、眼珠，用红色彩铅表现眼窝、卧蚕、鼻子与嘴唇等的明暗。

02 擦淡线稿，用土黄与朱红加水调出皮肤固有色，平涂皮肤。再添加玫瑰红、群青，绘制眉弓、鼻底、颧骨等的暗面，着重加深帽子在脸部的投影区域。

03 用黑色加水平涂出头发的底色，待颜料干透后用黑色描绘头发的暗部。注意运笔要遵循发丝的走向，以突出头发的立体感和层次感。用黑色勾线笔和黑色彩铅在鬓角及头发边缘添加碎发，让头发更显自然、灵动。

3 帽子第一遍上色：用浅酞黄加大量的水调出浅黄色，以轻柔笔触平涂帽身，注意受光面巧妙留白。用红色、蓝色、黄色、黑色平涂帽子上的装饰。

4 帽子第二遍上色：用浅酞黄、土黄加适量的水调和，绘制帽子的灰面和暗面，拉开明暗对比。用深一些的红、蓝、黄绘制帽子上装饰的阴影，增强层次感。

5 帽子第三遍上色：用土黄、白群、玫瑰红加少量的水调和，着重绘制帽子的暗部，特别是帽檐与头部的交界处。用深红色、深蓝色等细化帽子上装饰的明暗，塑造立体感。最后，用白色表现高光。

3.1.5 T恤和半身裙水彩上色表现

一、思路解析

❖ 线稿

①精准把控廓形与松量：绘制T恤袖口和半身裙廓形时，通过线条弧度展现衣物松量，凸显服装的自然状态。

②体现动态影响：关注胯部扭动对裙摆方向的影响，准确描绘裙摆褶皱的疏密与走向，体现动态中的真实垂坠感。

③线条运用合理：多用轻柔线条，上半身用轻柔曲线贴合人体胸腔及胸部结构，下半身裙摆飞扬处用流畅的弧线勾勒，通过线条轻重变化展现衣物的轻盈感。

❖ 上色

①色彩清透自然：选用清透的颜料，调色时控制水与颜料比例，通过多次薄涂达到理想浓度，呈现清新、透气的色彩效果。

②笔触过渡柔和：上色时，保持笔触方向一致，趁前一笔颜料未干时快速衔接笔触，使色彩过渡自然流畅，无明显痕迹。

❖ 细节

①衣物细节刻画：精心描绘袖口、领口缝线，以及上衣盘扣、短裙腰带等小部件，增强衣物的真实感。在裙子褶皱深处加深颜色，塑造阴影效果，凸显层次感。

②融入环境氛围：根据人物所处场景添加环境色，让衣物与环境和谐统一。处理好头发与颈部飘带交界处的融合颜色，避免色块生硬分隔。

③面部表情刻画：注重面部表情的细致描绘，尤其表现出眼神的灵动和嘴角的弧度，让画面更显生动。

二、绘制步骤

1 人体起稿：用橘色自动铅笔勾勒人体轮廓，精准把握胸腔与胯部的扭转关系，用大体块概括右腿前迈的走姿，注意将重心落于右脚，确定人物基本姿态。

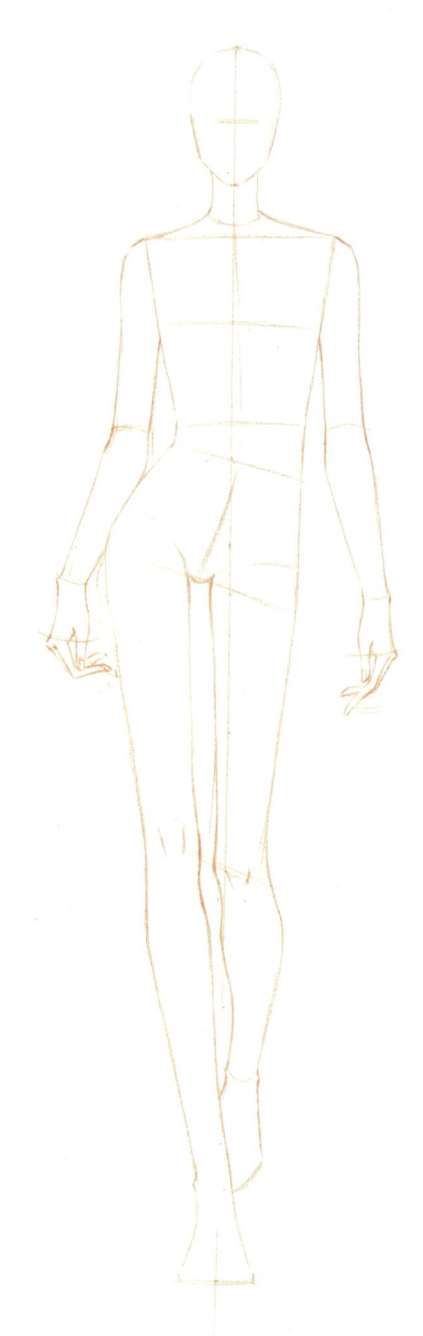

2 头部与着装起稿：使用橘色和黑色自动铅笔及红色彩铅刻画五官，从眉毛、眼睛、鼻子到嘴巴、耳朵，精准呈现各部分细节。同时，着重描绘服装穿在人体上的效果，关注袖子、短裙的廓形与松量，尤其留意胯部扭动对裙摆方向及褶皱变化的影响。绘制过程中注意保持线条流畅，通过笔触的轻重变化增强画面的表现力。

3 头部刻画与人体上色。

01 用棕色、黑色勾线笔勾勒眉毛、眼线、眼珠等，用红色彩铅刻画眼窝、卧蚕、鼻底及嘴唇等的明暗。

02 擦淡线稿后，用土黄与朱红加水调出皮肤固有色，平涂皮肤。在肤色中添加玫瑰红与群青，绘制皮肤的暗部及头部特定部位的暗面，注意表现服装在皮肤上的投影。

03 用土黄与中黄加水调和后平涂出头发的底色，在头顶转折处留白。待颜料干透后，用深黄棕色加深暗部，尤其是发丝与耳朵、颈部的交界处。用棕色勾线笔或棕色彩铅添加飞扬的发丝，展现头发的蓬松与飘逸。

5 上装第二遍上色：往浅紫灰中加少许白群，绘制上衣的灰面与暗面，注意表现胸腔与手臂的明暗及立体感。往浅蓝色中加入蓝色调成稍深的蓝色，笔尖控水后绘制飘带及上衣上的装饰的灰面与暗面。用洋红调成较深的红色绘制盘扣及流苏装饰的灰面与暗部。

4 上装第一遍上色：将灰色、群青与土黄混合，加大量的水调出浅灰色，用轻柔的笔触平涂出上衣的底色，根据光源的方向在受光面巧妙留白。将白群加水稀释成浅蓝色，薄涂飘带及上衣上的装饰。用洋红加水后绘制盘扣及流苏装饰。

第 3 章 服装设计效果图上色表现

7 下装第一遍上色：将白群与群青加大量的水调和，用大笔触绘制半裙。将灰色加适量土黄与玫瑰红调和，绘制袜子。将紫色与孔雀青调和，绘制鞋子，用黑色绘制鞋底。将熟赭与土黄调和，绘制腰带。

6 上装第三遍上色：将紫灰色与群青、土黄及玫瑰红调成深紫灰色，减少水分，精准绘制上衣更深的暗面与投影，把控轮廓形状。调和更深的蓝色，绘制飘带的暗部，突出其轻柔、飘逸。用深红色加深盘扣、流苏的暗部。用群青与紫色调和，绘制胸前装饰的绲边。

8 下装第二遍上色：在浅蓝色的基础上加蓝调和，绘制裙子的灰面与暗面，突出胯部体块转折处，注意运笔干脆利落，增强裙子的立体感与光影变化。用同样的方法绘制袜子、鞋子及腰带的灰面与暗面。

9 下装第三遍上色：调和更深的蓝色，减少水分，控制笔触绘制裙子暗面及其中颜色更深的区域，注意笔触衔接自然、过渡柔和。用深灰色绘制袜子的暗面与针织纹理。用紫色与孔雀青调出更深的蓝紫色绘制鞋子的暗面，强化前后鞋子的明暗及虚实对比。腰带叠加熟赭调和成的深红棕色，绘制其暗面层次。最后绘制鞋带。

3.1.6 连衣裙水彩上色表现

一、思路解析

❖ 线稿

①**线条运用**：多采用轻柔的曲线，上半身线条紧密贴合人体，精准勾勒出胸腔及胸部结构，体现衣物的合身感；下半身裙摆用流畅的弧线描绘，突出裙摆飞扬的轻盈感。注意展现女性胸、腰、臀的优美曲线。

②**线稿清晰度**：绘制过程中保持线稿清晰，避免线条重叠或杂乱，便于后续上色时准确区分不同区域。注意擦除多余的线稿痕迹。

❖ 上色

①**色彩选择与清透效果**：挑选清透的颜料，在调色时合理控制水分与颜料的比例（通常水分可稍多一些）；通过多次薄涂的方式，让色彩呈现出清新、透气的视觉效果，避免颜色过于浓重或浑浊。

②**笔触自然过渡**：上色时保持笔触方向一致，趁前一笔颜料未干，迅速衔接后一笔。利用颜料的流动性使色彩过渡自然流畅，避免出现明显的笔触痕迹或接痕。

❖ 细节

①**图案随形变化**：绘制连衣裙上的图案时，需充分考虑人体结构、光影及服装褶皱的变化。例如，在胸部，图案会随着胸部的隆起而变形；在光影交界处，图案的颜色和明暗度也要相应调整；在褶皱处，图案会被挤压或拉伸。

②**图案对比强化**：注重图案的大小、明暗、虚实、主次对比。主要图案（如裙摆显眼位置的花朵图案）用较深、较实的色彩绘制，次要图案（如领口、袖口等边缘部位的图案）用较浅、较虚的色彩表现，增强层次感。

二、绘制步骤

1 **人体起稿**：用橘色自动铅笔勾勒人体轮廓，精准把握胸腔与胯部的扭转关系，用大体块概括左腿前迈的走姿动态，注意将重心落在左脚，确保姿态平衡。

2 头部与着装起稿：用黑色自动铅笔和红色彩铅细致描绘五官。根据发丝走向绘制头发，注意表现头发的厚度。用轻柔的曲线绘制连衣裙，上半身贴合人体，下半身裙摆飞扬、轮廓柔和，充分展现女性胸、腰、臀的曲线美。

3 头部刻画与人体上色。

01 用棕色、黑色勾线笔勾勒眉毛、眼线与眼珠等，用红色彩铅描绘眼窝、卧蚕、鼻子及嘴唇等的明暗。

02 擦淡铅笔线稿，用土黄与朱红加水调出皮肤固有色，平涂皮肤。

03 在肤色中添加玫瑰红与群青，绘制皮肤的明暗及眉弓、鼻底、颧骨等的暗面。

04 用黑色加水平涂出头发的底色，在头顶转折处留白。待颜料干透后，用黑色沿发丝走向绘制暗部，塑造头发的立体感与层次感。用黑色勾线笔和黑色彩铅在发际、鬓角及头发边缘处添加碎发，让头发更显自然、灵动。另外，酞青绿加水调和后绘制耳饰；将土黄加水调和，绘制耳饰的金属部分，表现其立体感。

4 第一遍上色：在调色盘内放入白群与群青，加大量的水缓缓调出浅蓝色，平涂连衣裙蓝色区域，注意均匀覆盖，按光源的方向在受光面巧妙留白，营造自然的光影层次。同时，用青莲与紫色调出浅紫灰色，平涂连衣裙领口、腰部、蔽膝正面；用浅铬黄加水调出浅黄色，平涂蔽膝的黄色部分。用浅绿色表现鞋子。

5 第二遍上色：往浅蓝色中加少许群青，绘制连衣裙蓝色部分的灰面与暗面，拉开人体与服装大转折面的明暗差距。将青莲、紫色加少量的水调出深紫灰色，绘制领口、腰部、蔽膝正面的灰面及暗面。将浅铬黄、中黄加少量的水调出暖黄色，绘制蔽膝部分的灰面与暗面。用深一些的绿色表现鞋子的暗部。

6 第三遍上色：在上一步的基础上控制水分，调出更深的颜色，绘制连衣裙暗部更深的区域。绘制时兼顾画面整体明暗关系，同时留意投影及服装轮廓形状。

7 图案绘制与上色：先处理好服装的明暗，再用土黄与中黄加水调出黄棕色，在领口、腰部、蔽膝处绘制抽象卷草图案，然后将青莲、群青加少量的水调出紫色，在蔽膝处绘制紫色花纹，丰富图案色彩。用金色高光笔在黄色图案上点缀金色。绘制图案时，要使其随人体结构、光影及服装褶皱变化，展现出大小、明暗、虚实、主次的对比关系。

3.1.7 礼服水彩上色表现

一、思路解析

❖ 线稿

①**塑造人体姿态**：确保穿着礼服的人体姿态优雅、舒展，关节与肢体的角度、幅度符合人体美学，为礼服呈现提供良好的基础。例如，手臂自然下垂、腿部站立或行走的姿态都需精准描绘。

②**把控礼服廓形**：上半身紧密贴合人体形态勾勒，展现合身效果；下半身裙摆廓形大气，保证充足松量。同时，依据人体角度着重把握下摆透视，避免出现透视错误。

❖ 上色

①**色彩把控**：上色时色彩需保持清透，营造清新、明亮的视觉效果，避免颜色过于厚重或浑浊。

②**笔触运用**：笔触衔接自然、干净利落，根据礼服材质与光影变化，调整笔触方向和轻重。

❖ 细节

①**图案变化**：礼服上图案的形状、颜色和明暗需跟随人体结构、光影和服装褶皱变化。

②**对比刻画**：图案中枝干、叶子姿态丰富多样，刻画时注重大小、明暗、虚实、主次对比。主要图案置于显眼位置，如云肩、门襟处，用较大尺寸、较深颜色和细腻线条突出；次要图案分布在边缘或次要部位，用较小尺寸、较浅颜色和简略线条表现。

二、绘制步骤

1 **人体起稿**：使用橘色自动铅笔勾勒人体轮廓，把握好胸腔与胯部的扭转关系，用大体块概括右腿前迈姿态，注意将重心落于右脚，确定人物动态基础。

2 **头部与着装起稿**：用黑色自动铅笔和红色彩铅精心刻画五官。然后根据发丝走向绘制盘发，处理好发髻的叠压关系。描绘礼服时，突出 A 形廓形，上半身合身，下半身宽松，裙摆预留充足松量，展现大气廓形。同时，细致勾勒云肩、门襟处的图案。绘制时，线条要流畅且有轻重变化，增强画面的表现力。

3 头部刻画与人体上色。

01 用棕色、黑色勾线笔绘制眉毛、眼线与眼珠等,用红色彩铅描绘眼窝、卧蚕、鼻子及嘴唇等的明暗。

02 擦淡铅笔线稿后,将土黄、朱红加水调出皮肤固有色,平涂皮肤。在肤色中添加玫瑰红与群青,绘制皮肤及头部特定部位的暗面。

03 用黑色加水后平涂出头发的底色,头顶转折处留白。待颜料干透后用黑色描绘暗部,清晰交代发髻叠压关系,表现发型的立体感与层次感。在鬓角添几缕发丝,让头发更自然、灵动。另外,用加水后的深钴绿和土黄分别绘制耳饰的绿色宝石与金属部分。

4 上装第一遍上色:
用柠檬黄与那不勒斯黄加大量的水调出浅黄色,以轻柔大笔触平涂上衣黄色部分。注意按光源的方向在受光面留白。用灰色、土黄、白群加大量的水调出浅紫灰色,平涂上衣浅灰色部分。

5 上装第二遍上色：往浅黄色中加入少许印度黄调和，绘制黄色部分阴影色，并勾勒袖口黄色装饰。用深紫灰色绘制浅紫灰色部分的阴影色，注意笔触的形状与方向，通过色块表现胸腔、胸部、手臂等体块的转折处。

6 上装第三遍上色：用深紫灰色、黄灰色绘制上衣的暗部，强化光影效果和立体感，尤其注意云肩在胸部的投影，表现出立体感。

8 下装第二遍上色：在浅绿色的基础上添加蓝色调和，绘制裙子的阴影色。着重表现裙子在胯部体块转折处及前后腿的明暗变化，注意运笔干脆利落，表现裙子的立体感与光影变化。

7 下装第一遍上色：将钴蓝绿、白群加大量的水调和，用大笔触迅速铺染长裙底色，按光源的方向在受光面留白，初步表现裙子的明暗关系。

❿ 图案绘制与上色：处理好服装底色的明暗，用土黄、中黄加水调出黄棕色，在上衣的云肩、门襟、下摆、袖口等处绘制图案。用棕色勾线笔勾勒主体图案轮廓，用白色高光笔在黄色图案上点出高光。绘制图案时，使其随人体结构、光影及服装褶皱进行变化，体现大小、明暗、虚实、主次的对比关系。

❾ 下装第三遍上色：在上一步的基础上添加群青，调出深蓝绿色，绘制裙子暗面及颜色更深的区域，着重刻画前后腿膝盖处褶皱的明暗。注意笔触衔接自然，用较少笔触加强明暗层次。

3.1.8 衬衣水彩上色表现

一、思路解析

❖ **线稿**

①线条运用：采用长直线勾勒衬衣轮廓，突出衬衣简洁、利落的风格。绘制过程中需保持线条流畅，避免弯曲或断断续续，确保衬衣整体形态规整。

②袖子处理：根据衬衣板型，细致刻画袖子的松量，合理表现出袖子与手臂之间的空间感。精准描绘不同款式袖子的廓形，如直筒袖、灯笼袖等，突出其独特的形状特征。

❖ **上色**

①色彩搭配：选择相互协调的色彩，确保衬衣颜色统一、和谐，避免颜色冲突或过于杂乱。例如，浅色衬衣搭配同色系暗纹，能营造简洁且富有层次感的效果。

②光影表现：根据光源方向确定受光面和背光面，自然过渡明暗色调。在背光处加深颜色，受光面适当提亮，运笔干脆果断，使衬衣呈现出真实的立体感和质感。

❖ **细节**

①领口描绘：着重勾勒领口轮廓，清晰展现领口形状。无论是经典翻领、立领还是其他款式，都通过细致的线条和上色，体现领口的利落与规整。

②袖口刻画：仔细处理袖口细节，精确绘制袖口边缘线条，通过色彩的深浅变化，展现袖口的立体感和层次感，凸显衬衣的精致做工。

二、绘制步骤

1 人体起稿：用橘色自动铅笔勾勒人体轮廓，准确把握胸腔与胯部的扭转关系，用大体块概括右腿前迈姿态，注意将重心落于右脚，确定人物基本动态。

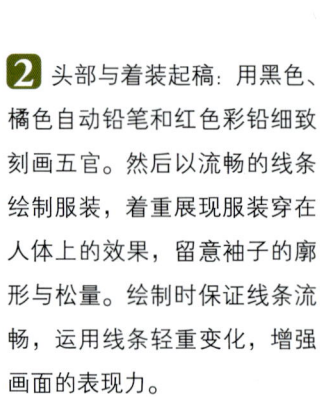

2 头部与着装起稿：用黑色、橘色自动铅笔和红色彩铅细致刻画五官。然后以流畅的线条绘制服装，着重展现服装穿在人体上的效果，留意袖子的廓形与松量。绘制时保证线条流畅，运用线条轻重变化，增强画面的表现力。

3 头部刻画与人体上色。

01 用棕色和黑色勾线笔勾勒眉毛、眼线与眼珠等，用红色彩铅描绘眼窝、卧蚕、鼻子及嘴唇等的明暗。

02 擦淡线稿后，用土黄与朱红加水调出皮肤固有色，平涂皮肤。再添加玫瑰红与群青，绘制皮肤及眉弓、鼻底、颧骨等的暗面。

03 将黑色加水调和，平涂出头发的底色，头顶转折处留白。待底色颜料干透后，用深灰色沿发丝走向绘制暗部，表现出头发的立体感和层次感。使用勾线笔或彩铅添加分散的发丝，展现头发的蓬松与飘逸。

4 上装第一遍上色：用灰色、群青和土黄加大量的水缓缓调出上衣的底色，以轻柔的笔触平涂上衣。注意均匀覆盖，依照光源方向在受光面巧妙留白，营造自然的光影层次。

5 上装第二遍上色：在上一步的基础上加入少许群青，调和后绘制上衣的暗面。着重描绘人体和服装的大转折面，如领口暗面、袖子暗面、身体侧面及腰部堆叠褶皱处，强化这些部位的光影效果与立体感。

6 上装第三遍上色：将紫灰色与群青、土黄混合，绘制上衣更深的暗部，如领子内侧面、腋下附近的袖子、衣身与袖子的投影、上衣下摆褶皱及袖口内侧等。绘制时减少用水量，精准把控轮廓形状。

7 下装第一遍上色：选取浅绿加大量的水调和，用平稳笔触沿着半身裙轮廓铺底色。注意根据光源的方向在受光面留白，使裙子初步呈现明暗效果，塑造立体感，为后续绘制打下基础。

8 下装第二遍上色：在浅绿色的基础上添加少量酞青绿进行调和，用调好的颜色绘制裙子的明暗效果，着重表现胯部体块的转折。注意运笔干脆利落，展现裙子的立体感与光影变化。

第 3 章 服装设计效果图上色表现

9 下装第三遍上色：再次取浅绿色加酞青绿调和，以干脆利落的笔触绘制裙子的暗部及颜色更深的区域，拉开裙子外侧和内侧的明暗对比。通过色彩与笔触的变化，可以增强裙子的立体感，使光影效果更自然、生动。

10 图案绘制与上色：将永固绿加水调和，绘制裙子上的花纹与装饰的底色，使其颜色随裙子的明暗变化而改变，受光处浅，背光处深。用绿青、永固绿加少量的水调成较深的绿色，绘制花纹与装饰的暗部，重点刻画正面花纹，拉开虚实关系。待颜料干透后，使用白色点出高光，增强花纹与装饰的层次感。最后，绘制左手处的饰品。

3.1.9　西服水彩上色表现

一、思路解析

❖ **线稿**

①线条运用：以长线条勾勒为主，绘制时确保线条干脆利落，通过流畅长线条展现西服简洁、规整的风格。避免线条拖沓与重复，确保画面简洁明了。

②关键部位刻画：上衣着重刻画领型，确保左右对称，体现严谨的美感；肩部线条要画得规整，展现挺括效果。裤子要突出烫迹线的挺括感，同时注意其随褶皱的起伏变化，准确表现裤子的立体感和穿着状态。

❖ **上色**

①笔触技巧：采用大色块上色方式，笔触叠加时自然衔接，避免出现明显的笔触痕迹和颜色断层效果。运笔要干净利落，以体现西服干练的特质。

②色彩表现：根据西服整体风格和想要呈现的质感，选择合适的色彩。色彩过渡要自然，比如在表现光影时，通过色彩渐变展现出西服的立体感。

❖ **细节**

①局部精细刻画：领子是西服的重要细节，通过细致的线条和色彩变化，表现出其挺括与精致。即使是较小的扣子，也要画出质感，如金属扣的光泽感。

②整体协调：领子、扣子、烫迹线、包包等的刻画要与整体风格统一，在细节处理上既要突出精致感，又不能过于繁杂，以免破坏西服整体的简洁美感。要注意确保各细节相互协调，共同提升西服的整体效果。

二、绘制步骤

1 人体起稿：用橘色自动铅笔勾勒人体形态，精准把握胸腔与胯部的扭转关系，用大体块概括右腿前迈姿态，注意将重心落于右脚，确定人物基本动态。

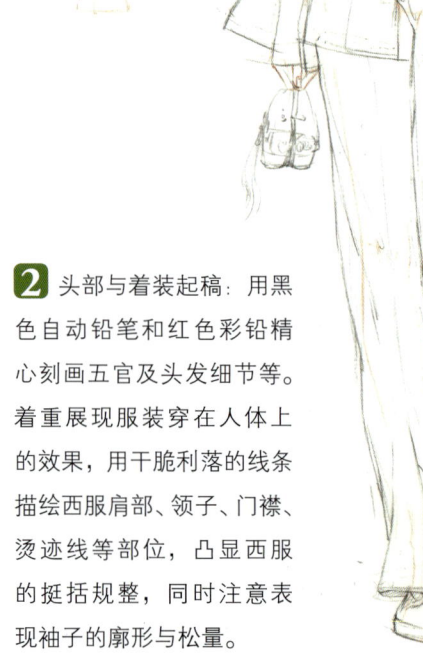

2 头部与着装起稿：用黑色自动铅笔和红色彩铅精心刻画五官及头发细节等。着重展现服装穿在人体上的效果，用干脆利落的线条描绘西服肩部、领子、门襟、烫迹线等部位，凸显西服的挺括规整，同时注意表现袖子的廓形与松量。

第3章 服装设计效果图上色表现

3 头部刻画与人体上色。

01 用棕色、黑色勾线笔勾勒眉毛、眼线、眼珠与唇中线等，用红色彩铅描绘眼窝、卧蚕、鼻子及嘴唇等的明暗。

02 擦淡铅笔线稿后，将土黄与朱红加水调出皮肤固有色，平涂皮肤。接着添加玫瑰红与群青，绘制皮肤及眉弓、鼻底、颧骨等的暗面。注意胸腔部分被薄纱内搭遮挡，需先画出皮肤明暗效果。

03 将熟褐、土黄、熟赭加水混合后平涂头发，头顶转折处留白。待颜料干透后，用深棕色沿发丝走向绘制暗部，强化头发与耳朵、脖子交界处的阴影，塑造头发的立体感和层次感。用勾线笔或彩铅添加分散的发丝，展现头发的蓬松与飘逸。

4 上装第一遍上色：

用玫瑰红、群青加大量的水慢慢调出浅紫灰色，以轻柔的笔触平涂薄纱内搭。用紫色加大量的水调出淡紫色，用大笔触平涂上衣，在受光面先用清水打湿画面，再用蘸颜料的笔在湿润处上色，营造轻柔的虚化效果。用紫色加水调和后绘制包包的紫色部分，用铬橙加水调成浅黄色后绘制流苏，用灰色绘制包带。

5 上装第二遍上色：在上一步的基础上添加紫色并减少用水量，绘制内搭领子与上衣的暗面，着重描绘人体和服装大转折面，如领口、肩部、身体侧面及袖子暗面，强化光影效果与立体感。同时，用紫色与加少量的水绘制包包紫色部分的暗面，用铬橙加水调成中黄色后绘制流苏的暗面，用深灰色绘制包带的暗面。

6 上装第三遍上色：将紫色与群青混合，绘制上衣更深的暗部，如领子投影、腋下附近的袖子、衣身与袖子的投影、褶皱投影等，绘制时少加水，精准把控轮廓形状。同时，细化包包层次，绘制扣子的明暗效果。

7 下装第一遍上色：用紫色加大量的水调出淡紫色，用大笔触纵向平涂裤子，注意区分受光面与背光面，并预留出烫迹线。将黑色加水调和成深灰色，绘制鞋子，预留前面鞋头的高光位置。

8 下装第二遍上色：在上一步的基础上添加紫色、少量青莲并减少用水量，以干脆利落的笔触绘制裤子的灰面与暗面，拉开前后裤腿的明暗对比。用黑色刻画鞋子。

9 下装第三遍上色：将紫色、群青、土黄混合，绘制裤子更深的暗面与投影，包括上衣在裤子上的投影，注意投影的形状、明暗及虚实变化。调和黑色绘制鞋子最暗的部分。最后用高光笔或白色绘制衣服的高光部分。

3.1.10 大衣水彩上色表现

一、思路解析

❖ 线稿

①**线条特性**：以长线条勾勒为主，绘制时线条需柔和流畅，展现大衣自然下垂的质感和流畅的轮廓。注意避免线条生硬转折，使大衣的整体形态具有动感与柔和感。

②**关键要素描绘**：精准把握大衣的廓形，无论是修身款还是宽松款，都要清晰展现其独特形状；预留松量，展现穿着时的舒适度；着重通过线条的粗细变化、疏密分布描绘面料厚度，比如在衣摆、袖口等部位适当加粗线条。

❖ 上色

①**整体色彩过渡**：用水彩上色时，通过水分的控制和颜料的调和，可以使色彩过渡自然，让颜色之间自然融合。注意避免出现色块拼接的生硬感，使大衣呈现出细腻的色彩层次。

②**重点部位表达**：着重刻画领子和门襟部分，描绘出领型规整的形状，体现大衣的精致感；通过色彩的叠加和渐变，表现出领子和门襟的厚度，如在暗部加深颜色，适当提亮亮部。

❖ 细节

①**材质与装饰细节**：通过颜色的深浅变化刻画立领面料的厚度，加深暗部，减淡亮部，突出立体感；细致描绘门襟盘扣，表现其纹理、光泽等。

②**花纹细节处理**：细致描绘花纹的形状、纹理，通过色彩的浓淡变化表现层次感，让花纹生动且富有立体感，同时确保与大衣整体风格协调。

二、绘制步骤

1 **人体起稿**：用红色自动铅笔勾勒人体轮廓，精准把握胸腔与胯部的扭转关系，用大体块概括左腿前迈姿态，注意将重心落于左脚，确定人物基本动态。

2 **头部与着装起稿**：用黑色、红色自动铅笔和红色彩铅刻画五官。然后用长线条绘制长直发，注意头发的走向与分组。接着以干脆利落的长线条绘制服装，塑造大衣大气的廓形，注意对手肘处堆积褶的表现。

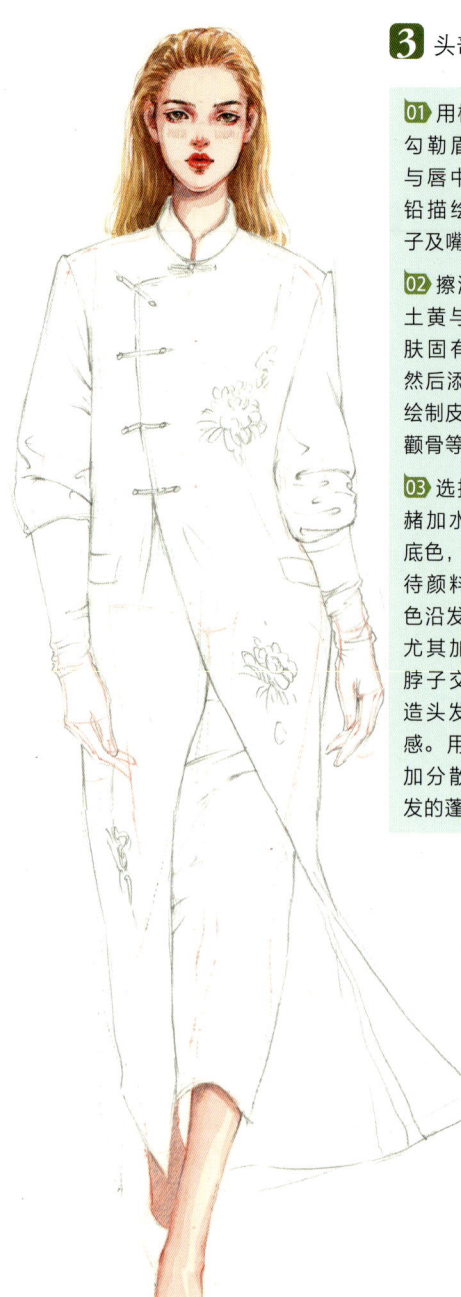

3 头部刻画与人体上色。

01 用棕色、黑色勾线笔勾勒眉毛、眼线、眼珠与唇中线等,用红色彩铅描绘眼窝、卧蚕、鼻子及嘴唇等的明暗。

02 擦淡铅笔线稿后,将土黄与朱红加水调出皮肤固有色,平涂皮肤。然后添加玫瑰红与群青,绘制皮肤及眉弓、鼻底、颧骨等的暗面。

03 选择熟褐、土黄、熟赭加水混合后平涂头发底色,头顶转折处留白。待颜料干透后,用深棕色沿发丝走向绘制暗部,尤其加重头发与耳朵、脖子交界处的阴影,塑造头发的立体感和层次感。用勾线笔或彩铅添加分散的发丝,展现头发的蓬松与飘逸。

4 大衣第一遍上色:用土黄加大量的水慢慢调出浅黄色,用大笔触平涂上衣。绘制时在受光面先用清水打湿画面,再用蘸颜料的笔在湿润处上色,营造轻柔虚化的效果。用黑色、深钴绿加水调和,平涂立领、盘扣和手套。手套的高光处做留白处理,注意高光的形状变化。用浅灰棕色平涂大衣内衬。

第 3 章 服装设计效果图上色表现

6 大衣第三遍上色：取熟褐调和深棕色，绘制大衣更深的暗部，如腋下附近的袖子、胸腔侧面、褶皱等，减少用水量以把控轮廓形状。调和黑色，加深立领、盘扣、手套的暗面。用白色或高光笔提亮高光区域，增强层次感。

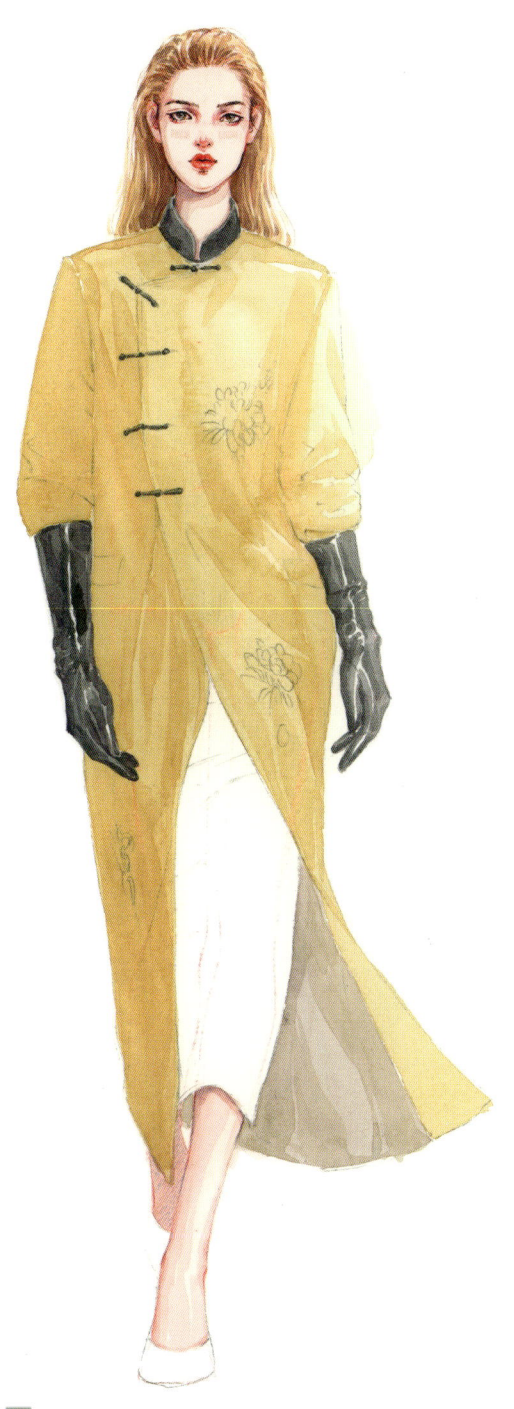

5 大衣第二遍上色：在上一步的基础上添加熟褐并减少用水量，绘制大衣的灰面和暗面，着重表现人体和服装的大转折面，如肩部、胸腔、盆腔及袖子等暗面。调和浅咖色绘制大衣内衬，强化内外侧明暗对比，提升立体感。同时，用黑色、深钴绿加水刻画立领、盘扣和手套的灰面与暗面。

7 裙装第一遍上色：用铬橙、熟褐加大量的水调出浅橙色，用大笔触轻柔地平涂裙子，区分受光面与背光面。调和浅咖色绘制鞋子，预留鞋头高光位置。

8 裙装第二遍上色：在浅橙色的基础上叠加熟褐，用调好的颜色绘制裙子的灰面与暗面，重点刻画腿部转折处的暗部及大衣在裙子上的投影，梳理整体明暗关系。调和深咖色，表现鞋子的灰面和暗面。

9 裙装第三遍上色：控制笔尖的水分，调和深棕色，以干脆利落的笔触强化裙子的暗部，根据褶皱起伏调整明暗关系与暗部形状，增强裙子的立体感。调和更深的咖色，加深鞋子的暗面，突出前后鞋的明暗对比。

10 图案绘制与上色：将永固绿、橄榄绿加水调和，绘制花纹的绿色叶子。将洋红加水调和，绘制花朵。待颜料干透后，用深红色勾勒花朵的轮廓。重点刻画胸前花纹，通过虚实对比增强大衣的层次感。

资源下载码：fuzhuang

3.2 服装效果图马克笔上色表现

3.2.1 马克笔绘制的常见技法

1. 马克笔绘制技法解析

▶ **色彩运用**

①相同点：各类马克笔绘制技法均需围绕画面风格与创作意图调配色彩，确保色彩协调统一，满足均匀平铺、过渡衔接或塑造层次等不同需求。

②区别：排笔法适用于大面积均匀上色，注意涂抹力度一致，防止颜色深浅不一；扫笔法利用快速抬笔形成由深至浅的自然过渡笔触，实现色彩的柔和衔接；叠笔法，同色叠加突出明暗层次，异色叠加需掌握色彩混合原理，慎重选色，避免产生脏色；渐变法以色彩明暗深浅变化呈现渐变效果，先均匀涂浅色，逐步叠加深色，精确把控颜色过渡；转笔法通过笔头转动改变笔触形态，间接影响色彩分布与质感表现。

▶ **笔触控制**

①相同点：精准控制运笔方向、力度和速度，是实现理想画面效果的核心要素。

②区别：排笔法强调笔触紧密重复、无缝衔接，确保大面积色块平整统一；扫笔法关键在于运笔速度与力度，遵循从轻到重再到轻的节奏变化，快速抬笔形成特定笔触，尾端留白；叠笔法，同色叠加时保持笔触方向一致以增强立体感，异色叠加需考虑颜色透明度与覆盖力对叠加顺序的影响；渐变法注重深浅色笔触的融合，在过渡区域精细控制笔触叠加层次，实现自然渐变；转笔法根据不同的表现对象灵活调整笔头角度，产生不同的笔触效果。

▶ **效果呈现**

①相同点：各种技法都致力于增强画面的生动性与真实感，准确传达创作意图。

②区别：排笔法用于奠定画面基础色调，营造简洁统一的效果；扫笔法擅长表现色彩柔和衔接与过渡，避免相邻色彩表现生硬；叠笔法通过笔触叠加丰富色彩层次，并提升画面细节的表现力；渐变法突出色彩渐变，呈现细腻过渡效果，常用于表现光影和塑造服装的立体感；转笔法凭借笔头转动产生多样的笔触，模拟材质纹理，从而增强画面的质感与真实感。

2. 常见技法

▶ **排笔法**

操作时需重复用笔，均匀上色，主要用于大面积色彩的平铺。具体来说，就是以稳定且规律的动作，将马克笔沿着同一方向或特定顺序反复涂抹，使每一笔的力度、角度和颜料释放量保持一致，从而实现色彩均匀覆盖，避免出现颜色深浅不一的情况。这种绘制技法能营造出简洁、统一的色彩背景，为画面奠定基础色调。

▶ 扫笔法

在运笔过程中，扫笔法强调快速抬起笔，以留下较浅且过渡自然的笔触，笔触尾端通常会呈现留白效果。使用该技法时，先确定需要色彩衔接过渡的区域，然后以适中的速度和由轻到重再到轻的力度运笔，在接近结束时迅速抬笔，让笔触自然收尾，形成尾端留白。此技法特别适合用于处理画面中不同颜色之间的柔和过渡，使色彩衔接更为自然，避免相邻颜色过渡生硬。

▶ 叠笔法

叠笔法是通过将笔触相互叠加，来体现色彩的层次与变化。具体有两种方式：一种是同色叠加，即多次叠加同一颜色，根据叠加层数和力度的不同来呈现明暗变化，如绘制球体时，在受光面少叠加，在背光面多叠加，以增强立体感；另一种是异色叠加，即将不同颜色依次叠加，利用色彩混合原理产生新的颜色，从而丰富画面的色彩层次，但需注意颜色搭配，避免产生脏色。

▶ 渐变法

渐变法是先绘制浅色部分，为画面铺设基础色调，接着在浅色区域的基础上逐步叠加深色，利用色彩的明暗深浅变化来呈现色彩的渐变效果。在操作过程中要注意浅色的涂抹需均匀，深色的叠加要循序渐进，可通过多次少量叠加的方式，精准控制颜色过渡的节奏和程度，使渐变效果自然、细腻。该技法常用于表现光影变化、物体的立体感等。

▶ 转笔法

转笔法借助笔头（如宽头、尖头）的侧转、斜立、直立等不同方式，呈现出丰富的笔触效果。在绘画中，根据想要表现的物体材质、纹理或画面效果，灵活改变笔头与纸面的接触方式和角度。例如，侧转笔头可产生较宽、扁平的笔触，适合表现大面积的纹理；直立笔头能绘制出较细、锐利的线条。通过巧妙运用转笔法，可以模拟不同材质的纹理，增强画面的真实感和表现力。

3.2.2 头部马克笔上色表现

一、思路解析

❖ 线稿

①**五官定位**：根据三庭五眼的比例精准定位并绘制五官，确保五官布局合理，符合人体面部比例，避免因比例失调影响整体美感。

②**发型绘制**：以头部结构为基础，根据发型的类型用不同的线条进行绘制。例如，盘发根据发缕走向绘制，展现其缠绕感；长直发用长线条绘制，体现顺滑感；长卷发用交错的曲线表现蓬松层次。

❖ **上色**

①**肤色表现**：调配清透自然的皮肤颜色，通过控制笔触轻重和颜料叠加层数，还原皮肤真实质感，避免颜色过深或过艳。

②**柔和过渡**：根据光源方向明确受光面与背光面，背光处适度加深色调，受光面适当提亮，注意保持明暗过渡自然，增强画面的层次感。

❖ **细节**

①**五官刻画**：精细刻画五官细节，使五官更加生动，增强面部表现力。

②**妆容协调**：确保眼影、腮红、口红等色彩搭配和谐，符合整体风格设定，并提升人物气质。

二、盘发绘制步骤

1 头部起稿：用黑色自动铅笔按3：2的长宽比例勾勒头型，根据三庭五眼的比例定位五官。在头型的基础上，细致绘制五官及发型，注意头发的结构。

2 勾线：擦淡铅笔线稿后，用0.3mm深褐色勾线笔细致地勾勒五官、发型、颈部和锁骨等轮廓。

3 第一遍上色：使用COPIC R000号马克笔的尖头端均匀地平铺皮肤底色，用COPIC C5号灰色马克笔平涂头发，注意受光面的颜色略浅。使用TOUCH YR33、COPIC BG93号马克笔绘制发饰。

4 第二遍上色：用COPIC R01号马克笔加深眉弓下方、鼻底、鼻侧等部位的阴影，塑造五官的立体感。用COPIC C7号灰色马克笔绘制头发的灰面和暗面，注意跟随头部的结构运笔。使用COPIC Y28、COPIC BG96号马克笔绘制发饰的明暗。

5️⃣ 第三遍上色：用 COPIC R02、COPIC E15 号马克笔继续加深五官的暗部，使用 COPIC Y11 号浅黄色、COPIC B000 号浅蓝绿色马克笔分别在皮肤的亮面和反光处轻扫一点环境色，丰富皮肤明暗的层次变化。用 COPIC C9 号深灰色马克笔加深头发暗面，再用黑色彩铅添加飞扬的发丝，用白色高光笔点出头发、发饰的高光，使头发更显灵动。

6️⃣ 第四遍上色：刻画五官细节，使用黑色勾线笔勾勒眉毛、眼线、瞳孔、下睫毛等，用灰色纤维笔绘制眼珠。使用 COPIC R22 号马克笔、橙红色彩铅和橙色纤维笔交替使用来绘制嘴唇，在下唇处留出一点高光。最后，使用白色高光笔提亮眼珠、鼻头及下唇。

三、长直发绘制步骤

1️⃣ 头部起稿：用黑色自动铅笔按 3 : 2 的长宽比例绘制头型，根据三庭五眼的比例确定五官。在头型的基础上，细致绘制五官及发型，注意头发的分组。

2️⃣ 勾线：擦淡铅笔线稿后，用 0.3mm 深褐色勾线笔勾勒五官、发型及颈部等轮廓。

3 第一遍上色：使用COPIC R000号马克笔的尖头端均匀地平铺皮肤底色，用COPIC E15号红棕色马克笔平涂头发，控制笔触的轻重，以表现头发的深浅变化。

4 第二遍上色：用COPIC R01号马克笔在眉弓下方、鼻底、鼻侧、额头侧面、颧骨、脖子下方等处绘制阴影，塑造立体感。用COPIC E57号卡其色马克笔绘制头发的灰面和暗面，注意沿发丝走向运笔。

5 第三遍上色：用COPIC R02、COPIC E15号马克笔加深五官的暗部，使用COPIC Y11号浅黄色、COPIC B000号浅蓝绿色马克笔分别在皮肤的亮面和反光处轻扫一点环境色，丰富皮肤明暗的层次变化。用COPIC E44、TOUCH BR91号马克笔加深头发的暗面，再用深棕色彩铅添加几缕飞扬的发丝，使头发更加灵动。使用COPIC Y11号浅黄色马克笔在头发亮面添加黄色调环境色，再使用白色高光笔在头发转折处点出高光。

6 第四遍上色：用黑色勾线笔勾勒眉毛、眼线、瞳孔、下睫毛等，用COPIC BG93号浅绿色马克笔绘制眼珠。交替使用COPIC R22号马克笔、橙红色彩铅和橙色纤维笔绘制嘴唇，下唇处预留出高光位置。最后，使用白色高光笔提亮眼珠、鼻头、下唇等处。

四、长卷发绘制步骤

1 头部起稿：用黑色自动铅笔按3∶2的长宽比例绘制头型，根据三庭五眼的比例定位五官。同时，细致刻画发型，突出卷发的蓬松感和厚度。

2 勾线：擦淡铅笔线稿，用0.3mm深褐色勾线笔勾勒五官、发型、颈部及锁骨等轮廓，注意线条的流畅性。

3 第一遍上色：使用COPIC R000号马克笔的尖头端平铺皮肤底色，用法卡勒E415号浅棕色马克笔平涂头发，确保上色均匀。

4 第二遍上色：用COPIC R01号马克笔在眉弓下方、鼻底、鼻侧、额头侧面、颧骨、脖子下方等处绘制阴影，塑造五官的立体感。用法卡勒E408号马克笔绘制头发的灰面和暗面，注意运笔要贴合头部结构。

5 第三遍上色：用 COPIC R02、COPIC E15 号马克笔加深五官暗部。用 COPIC E15、法卡勒 E168、法卡勒 E169 号马克笔加深头发的暗面，再用棕色勾线笔添加飞扬的发丝，使头发更加灵动。用 COPIC Y11 号浅黄色、COPIC B000 号浅蓝绿色马克笔分别在皮肤、头发的亮面和反光处轻扫一点环境色，丰富头部的明暗层次。

6 第四遍上色：用黑色勾线笔勾勒眉毛、眼线、瞳孔及下睫毛等，用灰色纤维笔绘制眼珠。交替使用 COPIC R22 号马克笔、橙红色彩铅和橙色纤维笔绘制嘴唇，下唇处预留出高光位置。最后，使用白色高光笔提亮眼珠、鼻头及下唇等处。

3.2.3 人体马克笔上色表现

一、思路解析

◆ **线稿**

①**动态把握**：勾勒人体姿态时，确保动作优雅舒展，关节角度与肢体伸展幅度需符合人体美学，如人物站立时重心分布要自然，行走时步伐要协调。

②**线条练习**：注重线条的流畅性，绘制纹理时，避免线条卡顿影响整体效果。

◆ **上色**

①**色彩过渡**：通过控制马克笔的运笔速度、力度和颜色的叠加方式，实现颜色的自然过渡；提前做好颜色混合或渐变处理，避免颜色衔接处突兀。

②**技法尝试**：灵活使用叠色、晕染等不同的上色技法。叠色可丰富色彩层次，晕染能使颜色过渡更柔和，不同技法结合可丰富画面效果，如表现薄纱时结合晕染技法可体现其轻盈质感。

◆ **细节**

①**体块塑造**：根据人体结构，利用色彩和光影塑造立体感。比如绘制胸部、腹部时，在受光面用较浅肤色，在背光面加深用色，体现立体感。

②**结构强调**：突出人体结构，如关节处通过加深褶皱颜色来表现转折，肌肉隆起部位通过提亮颜色来展现肌肉的形态和力量感。

二、绘制步骤

1 人体起稿：用黑色自动铅笔勾勒人体轮廓，把握胸腔与胯部的扭转关系，用大体块概括右腿前迈的走姿，注意将重心落于右脚，通过线条轻重变化体现立体感。

2 头部与着装起稿：基于人体动态，细致刻画五官与发型，注意头发的分组。用简洁的线条描绘服装穿在人体上的效果，突出裙摆随盆骨的扭转及裙摆间的叠压关系。

3 勾线：擦淡铅笔线稿后，用深褐色勾线笔细致勾勒五官、发型、人体轮廓、耳饰、鞋子及裙子的吊带。随后，用黑色小楷笔勾勒裙子的轮廓与细节，注意线条的轻重与粗细变化。

4 头部刻画与人体上色。

01 用COPIC R000号马克笔平铺皮肤底色。用COPIC R01号马克笔在眉弓下方、鼻底等处绘制阴影，塑造五官的立体感，同时在脖子、四肢等部位绘制阴影，表现人体的明暗关系。

02 用COPIC R02号马克笔绘制眼影，并加深鼻底及其他五官的阴影。用黑色勾线笔勾勒眉毛、眼线与瞳孔等，用棕色纤维笔绘制眼珠。交替使用橙红色彩铅与橙色纤维笔绘制嘴唇，下唇高光处留白或用白色高光笔提亮。

03 用COPIC C3、COPIC C5、COPIC C7号马克笔绘制头发的明暗与层次，头部顶面和侧面转折处适当留白。

5 裙子第一遍上色：用法卡勒R404号橘红色宽头马克笔，根据人体结构与衣服款式平涂裙子，注意在腰部横向运笔，裙摆随褶皱方向运笔，受光面及裙摆凸起处适当留白。用TOUCH CG4号灰色马克笔绘制鞋子，通过不同的笔触区分鞋头顶面与侧面体块，注意转折处留白。

服装设计效果图绘制马克笔常用色号

注：本书所用的马克笔品牌为 COPIC 二代（套装 A 72 色 + 套装 D 72 色）、新韩 TOUCH（套装 A 60 色 + 套装 B 60 色）、法卡勒（三代全套 480 色）。以下是书中所用到的马克笔颜色及色号。

COPIC 二代

				COPIC R000	COPIC R01	COPIC R02	COPIC R08	COPIC R22	
COPIC R29	COPIC R32	COPIC R37	COPIC R46	COPIC RV42	COPIC YR04	COPIC YR23	COPIC YR24		
COPIC YR31	COPIC YG03	COPIC YG93	COPIC Y11	COPIC Y13	COPIC Y21	COPIC Y26	COPIC Y28		
COPIC BG09	COPIC BG15	COPIC BG23	COPIC BG93	COPIC BG96	COPIC B000	COPIC B01	COPIC B23		
COPIC B26	COPIC B32	COPIC B34	COPIC B37	COPIC B39	COPIC B93	COPIC B97	COPIC B99		
COPIC E09	COPIC E15	COPIC E29	COPIC E33	COPIC E44	COPIC E47	COPIC E57	COPIC E71		
COPIC E74	COPIC E79	COPIC E97	COPIC E99	COPIC BV000	COPIC BV02	COPIC BV11	COPIC BV13		
COPIC G17	COPIC G28	COPIC G99	COPIC V17	COPIC FBG2	COPIC W3	COPIC W5	COPIC W7		
COPIC W9	COPIC C3	COPIC C5	COPIC C7	COPIC C9	COPIC 100	COPIC 110			

新韩 TOUCH

								TOUCH CG1	TOUCH CG2
TOUCH CG3	TOUCH CG4	TOUCH CG5	TOUCH CG7	TOUCH YR21	TOUCH YR22	TOUCH YR31	TOUCH YR32		
TOUCH YR33	TOUCH Y34	TOUCH Y35	TOUCH Y41	TOUCH Y42	TOUCH Y45	TOUCH Y221	TOUCH BR91		
TOUCH BR92	TOUCH BR93	TOUCH BR95	TOUCH BR96	TOUCH BR98	TOUCH BR99	TOUCH BR101	TOUCH BR102		
TOUCH BR103	TOUCH BR111	TOUCH BR112	TOUCH BR113	TOUCH BR114	TOUCH BR115	TOUCH G43	TOUCH G50		
TOUCH G58	TOUCH G242	TOUCH GY59	TOUCH PB69	TOUCH PB70	TOUCH PR71	TOUCH PB72	TOUCH PB77		
TOUCH PB183	TOUCH PB185	TOUCH B63	TOUCH B64	TOUCH B68	TOUCH B262	TOUCH P282	TOUCH RP293		

法卡勒三代

			法卡勒 YR219	法卡勒 YR220	法卡勒 E180	法卡勒 E415	法卡勒 E408		
法卡勒 E168	法卡勒 E169	法卡勒 E419	法卡勒 E427	法卡勒 R404	法卡勒 R215	法卡勒 R146	法卡勒 R143		
法卡勒 R140	法卡勒 R148	法卡勒 B234	法卡勒 B236	法卡勒 B237	法卡勒 B240	法卡勒 B301	法卡勒 B302		
法卡勒 B111	法卡勒 BG62	法卡勒 BG105	法卡勒 YG24	法卡勒 YG26	法卡勒 YG30	法卡勒 YG37	法卡勒 YG444		
法卡勒 YG447	法卡勒 YG457	法卡勒 CG271	法卡勒 CG272	法卡勒 CG273	法卡勒 RV135	法卡勒 RV150	法卡勒 RV152		
法卡勒 BV109	法卡勒 BV113	法卡勒 BV192	法卡勒 BV317	法卡勒 BV319	法卡勒 BV327	法卡勒 Y5	法卡勒 V336		

服装设计效果图绘制水彩常用颜色

注：以下是书中所用到的水彩颜色。

普鲁士蓝	松石蓝	孔雀青
群青	钴蓝	钴蓝绿
白群	青莲	白绿
柠檬黄	紫色	酞青绿
浅铬黄	玫瑰红	绿青
深铬黄	洋红	永固绿
土黄	菲褐红	深钴绿
那不勒斯黄	朱红	橄榄绿
浅酞黄	铬橙	浅绿（五月绿）
印度黄	熟赭	灰色
中黄	熟褐	黑色

3.2.4 配饰马克笔上色表现

一、思路解析

◆ 线稿

①轮廓精准勾勒：运用流畅线条，借助排笔法均匀、连贯的特点，描绘配饰的轮廓，比如包包的矩形轮廓、高跟鞋的曲线轮廓等。可重复运笔强化线条的清晰度，明确基本形状与框架。

②结构透视准确把握：把握配饰的结构关系，用转笔法对笔头的灵活控制，调整线条的走向，处理好透视关系，确保各部分比例协调，展现空间感。例如，表现包包不同角度的透视关系时，可像转笔法模拟材质纹理那样，灵活运用线条表现出包体的转折与空间变化。

◆ 上色

①明暗关系快速确立：利用排笔法均匀上色的特性，选取合适的颜色快速区分配饰的受光面与背光面，初步塑造立体感。例如，对于帽子，可将受光面用较浅的颜色平涂，背光面用稍深的颜色表现。

②质感细腻表现：结合配饰材质的特性，运用扫笔法、叠笔法和渐变法表现配饰的质感。对于丝绸材质的围巾，可利用扫笔法快速抬笔留下的浅且过渡自然的笔触，模拟丝绸的柔和光泽与轻盈质感；对于皮质包包，通过叠笔法表现光影起伏，塑造出皮革的厚实感；对于金属材质的包包卡扣，运用渐变法展现金属的光泽与立体感。

◆ 细节

①细节精致刻画：对配饰的关键细节，如鞋子的流苏，包包的卡扣、图案、包带，帽子的毛球等，运用转笔法的多样笔触和叠笔法色彩层次变化进行刻画。用转笔法模拟出鞋子流苏的纤细与柔软，通过笔头转动绘制出自然下垂的线条；对于包包的图案，运用不同颜色叠加产生的丰富色彩，细致描绘图案的形状、大小与线条，使其清晰且富有层次感。

②质感强化塑造：针对不同的细节，综合运用各种马克笔绘画技法。对于帽子的毛球，用扫笔法结合渐变法表现出毛球从浅到深的色彩渐变，突出其蓬松、柔软的质感；对于包包的金属卡扣，运用叠笔法多次叠加颜色，增强明暗对比，再用转笔法绘制高光部分，强化金属的坚硬感与光泽感。

二、鞋子绘制步骤

1 起稿：用黑色自动铅笔简洁勾勒鞋子的轮廓，精准表现鞋子的结构与透视关系，奠定基础框架。

2 勾线：以蓝灰色纤维笔勾线，确保线条流畅，增强鞋子轮廓的表现力。

3 第一遍上色：用 COPIC C5 号灰色马克笔仔细绘制鞋子黑色部分的底色，绘制过程中需注意预留出高光区域，精准把握高光的形状与位置。然后用 COPIC E33 号浅棕色马克笔均匀涂抹鞋子内侧，为其铺上底色。接着，用 COPIC R08、COPIC R37 号马克笔为鞋子的红色部分上色。

4 第二遍上色：用 COPIC C5、COPIC C7 号马克笔加深鞋子黑色部分的阴影，塑造更强烈的明暗对比。用 COPIC E99 号深黄棕色马克笔绘制鞋子内侧的阴影，增强立体感。用法卡勒 R215、法卡勒 R140 号马克笔为鞋子的红色部分添加阴影，丰富色彩层次。

5 第三遍上色：用 COPIC 100 号黑色马克笔描绘鞋子黑色部分最暗处。用法卡勒 R148 号深红色马克笔仔细绘制鞋子红色部分的暗面及颜色更深的区域，突出立体感。最后，用白色高光笔在预留的高光位置进行提亮，提亮时注意把控好高光的明暗程度与形状，使鞋子的质感和光泽更加逼真。

三、包包绘制步骤

1 起稿：用黑色自动铅笔勾勒包包的整体轮廓，需充分考虑包包的结构特点与透视关系，塑造立体感。同时，细致勾勒包面的图案。

2 勾线：用蓝灰色纤维笔勾线，注意线条需保持流畅。同时，根据包包的结构及光影变化，巧妙运用线条的轻重变化来突出包身的层次感，让包包的形态更加生动、逼真。

3 第一遍上色：用 TOUCH G242 号绿色马克笔均匀地平涂包包的底色，使包包整体呈现绿色调。然后用 COPIC Y21 号浅黄色马克笔仔细描绘金属卡扣，使其呈现明亮的色泽，展现出金属的质感。用 COPIC C5、COPIC C9 号马克笔绘制包面的图案，初步勾勒出熊猫的形态。

4 第二遍上色：用 COPIC G17 号绿色马克笔根据光影原理绘制包包的灰面和暗面，使整体造型更加立体、饱满。用 COPIC E99 号深黄棕色马克笔描绘金属卡扣的灰面和暗面，进一步增强其质感与真实感。用 COPIC C7 号灰色马克笔细致刻画包面的熊猫图案，加深熊猫的颜色，突出其形态。用 COPIC G28 号深绿色马克笔绘制竹叶的暗部，使图案更加立体。

5 第三遍上色：用 TOUCH G50、TOUCH G58 号马克笔着重描绘包包的暗部，强化包包的明暗对比。用 COPIC E57 号卡其色马克笔绘制金属卡扣的暗面及包面竹子图案的暗部，让画面更加丰富、细腻。最后，用白色高光笔在包包转折处提亮，操作时注意高光的亮度与形状，使其与整体画面协调，从而提升包包的质感与光泽度。

四、帽子绘制步骤

1 起稿：用黑色自动铅笔按3∶2的长宽比例绘制头部轮廓，为后续绘制构建基础框架。按照三庭五眼的比例标准，确定五官的具体位置并绘制五官。随后，绘制帽子，着重处理帽子与头部的空间关系，以及帽子自身的厚度，确保整体造型结构合理、效果真实。

2 勾线：用橡皮擦淡铅笔线稿，避免过深的铅笔痕迹影响后续的勾线效果。用0.3mm的深褐色勾线笔细致勾勒五官与头发，注意保持线条流畅、凸显细节。完成后，使用灰色纤维笔勾勒帽子，注意帽子线条需与头部线条的风格统一。

3 皮肤上色：用COPIC R000号马克笔以均匀的笔触为皮肤平铺底色，奠定整体肤色基调。然后用COPIC R01号马克笔在眉弓下方、鼻底、鼻侧、额头侧面及颧骨下方等部位细心绘制阴影，塑造五官的立体感。随后，用COPIC R02号马克笔绘制眼影，同时加深鼻底及其他五官的阴影部分，注意加重帽子在脸部的投影，强化光影效果。接着，用黑色勾线笔细致勾勒眉毛、眼线及瞳孔等，用灰色纤维笔描绘眼珠，使眼睛更加传神。交替使用橙红色彩铅和橙色纤维笔绘制嘴唇，下唇处预留出高光位置。若觉得效果不佳，也可用白色高光笔进行提亮，使嘴唇更显生动、饱满。

4 帽子第一遍上色：用COPIC BV02号浅紫色马克笔均匀地平涂帽身。然后用玫红色、蓝色、橘色、黄色等马克笔绘制帽子的毛球部分，使其色彩鲜明活泼。

5 帽子第二遍上色：根据帽子的光影分布，用COPIC BV13号蓝紫色马克笔绘制帽子的灰面和暗面。然后用玫红色、蓝色、橘色、黄色等马克笔绘制帽子毛球部分的阴影，使毛球更具立体感。

6 帽子第三遍上色：用TOUCH B63、TOUCH PB72号马克笔描绘帽子的暗面和颜色更深的区域，尤其对帽子内侧加重绘制，强化帽子的层次感。然后继续用玫红色、蓝色、橘色、黄色等马克笔加深帽子毛球部分的暗部，使整个帽子显得更加生动、逼真。最后为人物及帽子绘制高光。

3.2.5 T恤和半身裙马克笔上色表现

一、思路解析

❖ 线稿

①**轮廓勾勒**：准确勾勒出T恤和半身裙的整体轮廓，注意T恤的领口、袖口、下摆形状，以及半身裙的腰头、裙摆廓形。例如，圆领T恤的领口需画得圆润自然，A字半身裙的裙摆应呈现流畅的弧线，确保服装款式特征清晰明了。

②**褶皱绘制**：依据人体动态和服装材质，合理绘制褶皱部分。T恤在腋下、手肘弯曲处易产生褶皱，可用简洁流畅的线条表现褶皱状态；半身裙的褶皱集中在腰部和裙摆处，需根据裙子的板型和人物的活动状态，表现褶皱的疏密与走向。

❖ 上色

①**色彩搭配**：选择与T恤和半身裙风格匹配的色彩组合。日常休闲风格可采用清新、明亮的颜色，如红色T恤搭配浅蓝色半身裙；时尚个性风格则可尝试撞色搭配。同时，需考虑色彩的协调性，避免使用过于刺眼或杂乱的色彩组合。

②**笔触运用**：运用均匀、整齐的笔触上色，体现服装平整挺括的质感。绘制大面积色块时，马克笔的运笔速度要稳定，使颜色均匀覆盖。在表现服装的转折和起伏处（如T恤的肩部、半身裙的裙摆边缘）时，可通过改变笔触方向和轻重，增强服装的立体感。

❖ 细节

①**装饰细节**：若T恤或半身裙有印花、图案等装饰元素，需仔细绘制。印花的线条要清晰，色彩饱满，如卡通印花的轮廓和颜色要精准还原；图案的细节（如花朵的纹理、字母的形状），需刻画到位，以提升服装的精致感。

②**边缘处理**：注重T恤和半身裙的边缘细节，领口、袖口、裙摆边缘需用较细的笔触勾勒，表现出干净利落的效果。对于有卷边设计的部分（如T恤的袖口卷边、半身裙的毛边），需通过线条和色彩的变化，表现出其独特的质感和层次感。

二、绘制步骤

1 人体起稿：用黑色自动铅笔起稿，精准把握胸腔与胯部的扭转关系，用大体块概括人体右腿前迈的走姿，将重心置于右脚，注重姿态舒展，通过线条的轻重变化增强人物的立体感。

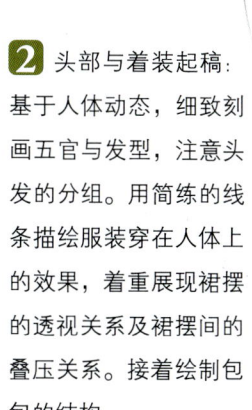

2 头部与着装起稿：基于人体动态，细致刻画五官与发型，注意头发的分组。用简练的线条描绘服装穿在人体上的效果，着重展现裙摆的透视关系及裙摆间的叠压关系。接着绘制包包的结构。

3 勾线：用橡皮擦淡铅笔线稿，用深褐色勾线笔勾勒五官、发型、人体轮廓、鞋子及包包。用灰色纤维笔勾勒服装的轮廓与细节，注意线条的轻重、粗细变化。

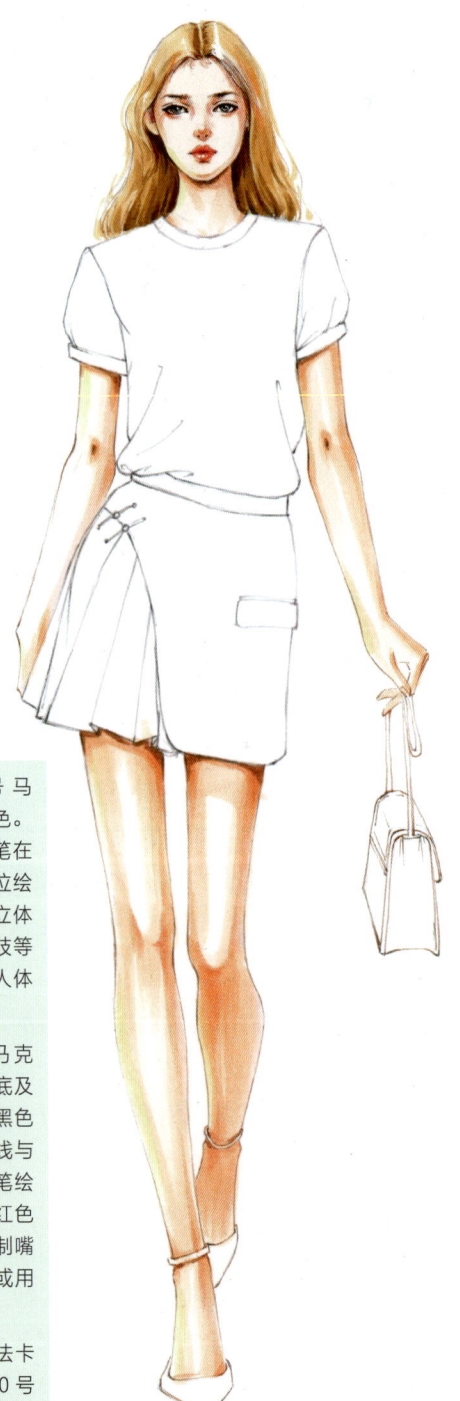

4 头部刻画与人体上色。

01 用COPIC R000号马克笔均匀平铺皮肤底色。用COPIC R01号马克笔在眉弓下方、鼻底等部位绘制阴影，塑造五官的立体感，同时在脖子、四肢等位置绘制阴影，表现人体的明暗关系。

02 用COPIC R02号马克笔绘制眼影，加深鼻底及其他五官的阴影。用黑色勾线笔勾勒眉毛、眼线与瞳孔等，用灰色纤维笔绘制眼珠。交替使用橙红色彩铅与橙色纤维笔绘制嘴唇，下唇高光处留白或用白色高光笔提亮。

03 用法卡勒E408、法卡勒E168、法卡勒E180号马克笔绘制头发的明暗与层次。

5 上装第一遍上色：用 COPIC R08 橘红色宽头马克笔以纵向笔触平涂 T 恤，注意确保笔触衔接自然、流畅。在袖子的受光面适当留白。

6 上装第二遍上色：用法卡勒 R215、TOUCH YR22 号马克笔绘制 T 恤的暗面，区分受光面与背光面，着重体现胸腔体块与手臂的立体感。

7 上装第三遍上色：用法卡勒 R146 号深红色马克笔刻画暗面及褶皱颜色最深的区域，并结合深红色纤维笔绘制 T 恤领口的罗纹肌理及胸前的盘扣。用白色高光笔在领口、盘扣、肩部及袖子等处点绘高光，丰富画面层次。

8 下装第一遍上色：用法卡勒B240号浅蓝色马克笔以纵向笔触平涂半身裙，受光面适当留白。用COPIC R08号橘红色马克笔平涂包包的红色部分，用COPIC Y21号浅黄色马克笔平涂包包的黄色部分，用TOUCH YR31号橙黄色马克笔绘制包包的链条。用TOUCH CG3号浅灰色马克笔绘制鞋子，通过笔触的变化区分鞋头各面体块，注意转折处留白。

9 下装第二遍上色：用法卡勒B301号蓝色马克笔绘制半身裙暗面。用法卡勒R215号红色马克笔绘制包包红色部分的背光面，用法卡勒E427号浅土黄色马克笔绘制黄色部分背光面，用TOUCH Y41号深黄色马克笔以点状笔触绘制包包链条的暗面。用TOUCH CG5号中灰色马克笔绘制鞋子背光面，注意区分前后鞋的明暗关系，后鞋的笔触更具整体性，明暗对比稍弱。

第3章 服装设计效果图上色表现

11 背景绘制：完善服饰细节后，用COPIC B32号浅蓝色宽头马克笔，以流畅、潇洒的笔触绘制背景，让画面更灵动、活泼。

10 下装第三遍上色：用法卡勒B302、COPIC B99号马克笔绘制颜色更深的暗面，区分盆骨体块，同时绘制裙子百褶、口袋盖的阴影及投影。用深红色纤维笔绘制裙子上的盘扣，用灰色纤维笔绘制裙子的明线，用高光笔点绘百褶、裙摆、口袋盖的高光。用法卡勒R146号深红色和黑色马克笔强化包包红色部分的暗部。用TOUCH BR91号深棕色马克笔和黑色勾线笔以点状笔触绘制链条的暗面，用卡其色马克笔绘制包包黄色部分的暗面，用高光笔点绘链条及包包转折处的高光。用TOUCH CG7号深灰色和COPIC 110号黑色马克笔加深鞋子的暗面。

3.2.6 连衣裙马克笔上色表现

一、思路解析

❖ **线稿**

①**人体姿态把握**：绘制穿着连衣裙的人体时，需确保姿态优雅舒展，着重关注关节的弯曲角度和肢体的伸展程度，比如手臂自然下垂的弧度、腿部站立或行走的姿态，使其符合人体美学，为连衣裙的呈现奠定良好的动态基础。

②**连衣裙与人体贴合绘制**：使连衣裙紧密贴合人体，精准表现胸腔、腰部、臀部等结构线条，展现连衣裙的合身效果。同时，根据人体动态合理绘制裙摆走势，如走动时裙摆的飘动形态。

❖ **上色**

①**笔触运用**：上色笔触需跟随人体结构走向，根据胸部、腰部的起伏和转折调整笔触的方向（如顺着身体曲线运笔），保证笔触干净利落，避免杂乱。

②**笔触数量控制**：以简洁的方式呈现连衣裙的色彩和光影变化，尽量减少不必要的笔触叠加，通过精准运笔一次到位地表现颜色的深浅和过渡效果，保证画面的清爽。

❖ **细节**

①**背景色彩选择**：连衣裙主体为绿色，可选择绿色的对比色（如红色、橙色等）作为背景色。通过鲜明的色彩对比突出连衣裙主体，增强画面的视觉冲击力。

②**整体细节协调**：注重连衣裙与背景、人体之间的细节协调，确保背景与连衣裙的衔接自然，同时检查人体部分（如面部表情、手部姿态）是否与整体画面风格统一。

二、绘制步骤

1 **人体起稿**：用黑色自动铅笔勾勒人体轮廓，精准把握胸腔与胯部的扭转关系，用大体块概括左腿前迈的走姿，将重心置于左脚，通过线条的轻重变化表现立体感。

2 **头部与着装起稿**：基于人体动态，细致绘制五官与发型，着重刻画辫子的编织纹路。用简练的线条展现服装穿在人体上的效果，注意表现裙摆在动态转折中的变化，凸显裙摆飘扬的灵动感。

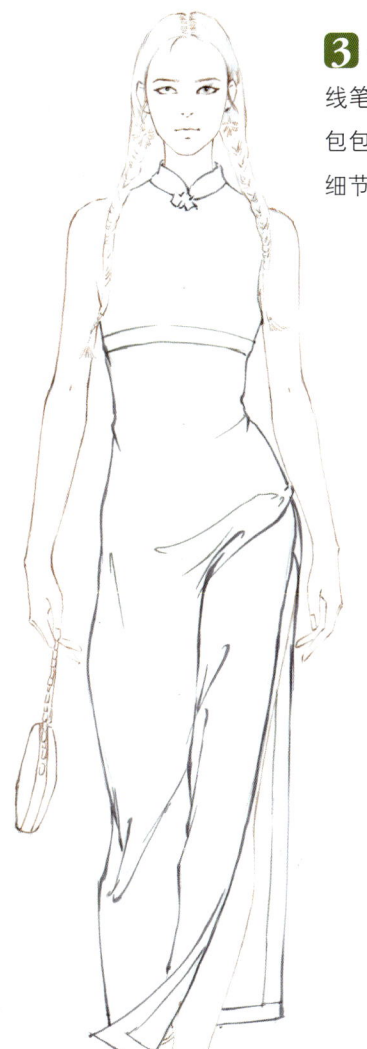

3 勾线：用橡皮擦淡铅笔线稿，用深褐色勾线笔细致勾勒五官、发型、人体轮廓、耳饰、包包及鞋子。用黑色小楷笔勾勒服装的轮廓与细节，注意线条的轻重与粗细变化。

4 头部刻画与人体上色。

01 用 COPIC R000 号马克笔均匀平铺皮肤底色。用 COPIC R01 号马克笔在眉弓下方、鼻底、脖子、手臂、大腿和小腿等部位绘制阴影，塑造五官及人体的明暗关系。

02 用 COPIC R02 号马克笔绘制眼影，加深鼻底及其他五官的阴影。用黑色勾线笔勾勒眉毛、眼线与瞳孔等，用蓝色纤维笔绘制眼珠。交替使用橙红色彩铅与橙色纤维笔绘制嘴唇，下唇高光处留白或用白色高光笔提亮。

03 用 COPIC E71、COPIC E74、COPIC E79 号马克笔绘制头发的明暗与层次，在头部顶面和侧面转折处适当留白。用玫红色和紫色纤维笔绘制耳饰。

6 裙子第二遍上色：用COPIC YG03号草绿色马克笔绘制裙子和鞋子的暗面，注意区分受光面与背光面，表现胸腔、胸部等体块的明暗。用COPIC R32号浅粉色马克笔绘制立领、腰带的暗面。用TOUCH CG5号中灰色马克笔绘制包包灰色部分的暗面，用TOUCH BR101号黄棕色马克笔绘制包包链条的暗部。

5 裙子第一遍上色：用COPIC YG03号草绿色宽头马克笔，依人体结构和衣服褶皱方向平涂裙子，注意腰部横向运笔，裙摆随褶皱方向运笔，在裙子高光处及裙摆凸起处留白。用COPIC R32号浅粉色马克笔绘制立领、腰带部分。用COPIC YG03号草绿色马克笔绘制鞋子的绿色部分，用COPIC C5号灰色马克笔绘制黑色鞋底部分，注意转折处留白。用TOUCH CG4号灰色马克笔绘制包包的灰色部分，用TOUCH YR31号橙黄色马克笔绘制包包的链条。

8 背景绘制：用COPIC R37号粉红色尖头马克笔，以流畅、潇洒的笔触绘制背景，增强画面的灵动感。

7 裙子第三遍上色：用法卡勒YG30、法卡勒YG37号马克笔绘制裙子颜色更深的暗面及褶皱最暗的区域，用COPIC R46深粉红色马克笔绘制立领和腰带的深色部分。用COPIC R22、COPIC R46、法卡勒YG37号马克笔在裙摆里衬以点状笔触绘制花纹。用COPIC C7、TOUCH BR95号马克笔加深包包的暗面。用白色高光笔在连衣裙立领、腰带、裙褶转折处，以及鞋子、包包的转折处点绘高光，丰富画面的层次。

3.2.7 礼服马克笔上色表现

一、思路解析

❖ **线稿**

①人体与礼服的上半身：先确定穿着礼服的人体姿态，保证其优雅舒展，符合人体美学。然后绘制紧密贴合人体的礼服上半身，精准勾勒胸腔及胸部结构，凸显礼服的合身效果与穿着者的身体曲线。

②礼服下身裙摆：下半身裙摆的廓形需大气，预留充足松量，以体现礼服的华丽感。绘制时注意下摆的透视关系，根据人体站立或动态角度合理表现下摆的远近和空间感，增强裙摆的立体感。

❖ **上色**

①笔触方向把控：上色时笔触要紧密跟随裙子褶皱的方向，这样能更真实地展现礼服的质感和立体感。注意，在褶皱密集处，笔触要相应密集；在褶皱舒展处，笔触要较为稀疏。

②长裙笔触衔接：对于长裙部分，笔触衔接需自然、干净利落，可以通过控制马克笔的运笔速度和力度，使相邻笔触的颜色在过渡区域自然融合，避免出现明显的笔触痕迹和颜色断层。

❖ **细节**

①图案变化：礼服上的图案需随裙摆褶皱的起伏变化。在褶皱凸起处，图案颜色稍亮、线条稍粗；在褶皱凹陷处，图案颜色稍暗、线条稍细。注意确保图案中枝干和叶子的形态丰富多样，避免单调、重复。

②图案对比：图案刻画需体现大小、明暗、虚实、主次的对比。将主要图案置于显眼位置，如裙摆中央、胸部等处，用较大尺寸、较深颜色和细腻线条突出显示；次要图案分布于边缘或次要部位，用较小尺寸、较浅颜色和简略线条表现。背景选择蓝绿色的邻近色，如青色、蓝紫色等，使画面色彩和谐统一且富有变化。

二、绘制步骤

1 人体起稿：用黑色自动铅笔勾勒人体轮廓，精准把握胸腔与胯部的扭转关系，以大体块概括右腿前迈的走姿，将重心置于右脚，同时注重姿态舒展，通过线条的轻重变化凸显立体感。注意左手拿包动态的自然呈现。

2 头部与着装起稿：基于人体动态，细致刻画五官与发型，着重把握头发的结构。礼服采用 A 形廓形，上半身贴合人体，下半身裙子廓形大气，注意裙摆在动态转折中的变化及下摆的透视效果。精心勾勒礼服上的花纹，使其走向与人体结构及褶皱起伏相呼应。

3 勾线：用橡皮擦淡铅笔线稿，然后用深褐色勾线笔细致勾勒五官、部分头发、人体轮廓、耳饰及包包。接着用灰色纤维笔勾勒发型，以及服装轮廓与细节，强调线条的轻重与粗细变化。

4 头部刻画与人体上色。

01 用 COPIC R000 号马克笔均匀平铺皮肤底色。用 COPIC R01、法卡勒 R143 号马克笔在眉弓下方、鼻底等部位绘制阴影，塑造五官的立体感，同时在脖子、手臂等处绘制阴影，表现人体的明暗关系。

02 用 COPIC R02、法卡勒 R143 号马克笔绘制眼影，加深鼻底及其他五官的阴影。用黑色勾线笔勾勒眼线与瞳孔等，用灰色纤维笔绘制眼珠。交替使用 COPIC RV42 号马克笔、橙红色彩铅与橙色纤维笔绘制嘴唇，下唇高光处留白或用白色高光笔提亮。

03 用 COPIC C5、COPIC C7、COPIC C9 号马克笔绘制头发的明暗与层次，在头部顶面和侧面转折处适当留白，在鬓角处带出一些飘逸的发丝。

5 第一遍上色：用 TOUCH B262 号蓝色马克笔绘制立领、抹胸、袖子、包包部分，在立领边缘预留高光以体现厚度。用 COPIC BG23 号蓝绿色宽头马克笔以纵向笔触平涂裙子，注意笔触自然衔接，在裙子受光面及裙摆凸起处留白。用 COPIC YR24 号橙黄色马克笔绘制包包、耳饰的金属部分等。

6 第二遍上色：用COPIC B26号深蓝色马克笔绘制立领、抹胸、袖子、包包部分的暗面。用COPIC BG23、TOUCH B68号马克笔绘制裙子的暗面，区分受光面与背光面。用TOUCH BR112号红棕色马克笔绘制包包、耳饰金属部分等的暗面。

7 第三遍上色：用TOUCH PB70、COPIC B39号马克笔绘制立领、抹胸、袖子、包包部分更深的暗面。用COPIC BG15、COPIC BG09、COPIC BG96、TOUCH B64号马克笔加深裙子的暗面。用白色高光笔在耳饰、立领、抹胸、袖子、包包及裙褶转折等处点绘高光，丰富画面层次。

9 背景绘制：用 COPIC V17 号紫色马克笔，以流畅、潇洒的笔触绘制背景，增强画面的灵动性与色彩鲜明度。

8 图案绘制与上色：用 TOUCH Y42、COPIC BG96、TOUCH BR99 号马克笔搭配绘制图案的枝干与叶子，注意形态的多样。用白色高光笔、灰色纤维笔、棕色纤维笔绘制白色花朵，并用 TOUCH RP293 号紫粉色马克笔轻扫花朵的反光，以丰富花朵的色彩。注意确保图案随裙摆褶皱起伏变化，体现大小、明暗、虚实、主次对比效果。

3.2.8 衬衣马克笔上色表现

一、思路解析

❖ 线稿

①轮廓勾勒：使用简洁流畅的线条精准勾勒衬衣的整体轮廓，着重把握领口（如立领的线条要直挺，翻领的翻折线要自然）、袖口、下摆及门襟的形状，确保衬衣基本款式特征清晰呈现。

②褶皱描绘：根据人体动态和穿着状态，在肩部、手肘、腰部等易产生褶皱的部位绘制褶皱。注意用长短不一的线条表现褶皱的走向和疏密程度。例如，手肘弯曲时，褶皱集中且呈放射状。

❖ 上色

①色彩搭配：根据衬衣的风格和用途选择合适的色彩，日常休闲款可选淡雅清新色，如浅蓝色、浅粉色；正式商务款常选经典色，如白色、浅蓝色。同时，注意色彩的协调性，避免杂乱。

②笔触运用：运用均匀整齐的笔触上色，表现衬衣平整的质感。绘制大面积色块时，运笔速度和力度要稳定。在褶皱和光影变化处，通过改变笔触方向和轻重增强立体感（如在褶皱处适当加深颜色）。

❖ 细节

①装饰细节：若衬衣有口袋、扣子、立体花朵等装饰，需仔细绘制。例如，口袋边缘线条要清晰，扣子要表现出立体感，立体花朵的线条和色彩要精准还原，提升衬衣的精致感。

②边缘处理：注重领口、袖口等边缘细节的绘制，用较细笔触表现干净利落的效果。对于袖口卷边等设计，通过线条和色彩变化表现其独特质感和层次感。

二、绘制步骤

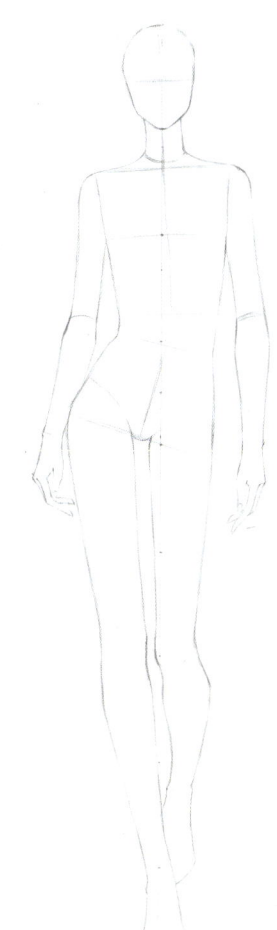

1 人体起稿：用黑色自动铅笔勾勒人体轮廓，精准把握胸腔与胯部的扭转关系，以大体块概括右腿前迈的走姿，将重心置于右脚，注意通过线条的轻重变化来表现立体感。

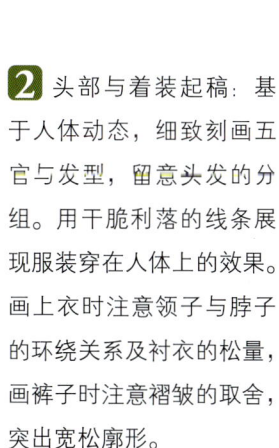

2 头部与着装起稿：基于人体动态，细致刻画五官与发型，留意头发的分组。用干脆利落的线条展现服装穿在人体上的效果。画上衣时注意领子与脖子的环绕关系及衬衣的松量，画裤子时注意褶皱的取舍，突出宽松廓形。

3 勾线：用橡皮擦淡铅笔线稿，用深褐色勾线笔细致勾勒五官、发型及人体轮廓。然后用灰色纤维笔勾勒服装与鞋子的轮廓与细节，注意线条的轻重及粗细变化。

4 头部刻画与人体上色。

01 用COPIC R000号马克笔均匀平铺皮肤底色。用COPIC R01号马克笔在眉弓下方、鼻底等部位绘制阴影，塑造五官的立体感，同时在脖子、手部绘制阴影，表现人体的明暗关系。

02 用COPIC R02号马克笔绘制眼影，加深鼻底及其他五官的阴影。用黑色勾线笔勾勒眼线与瞳孔等，用灰色纤维笔绘制眼珠。交替使用橙红色彩铅与橙色纤维笔绘制嘴唇，下唇高光处留白或用白色高光笔提亮。

03 用COPIC Y21、COPIC Y26、TOUCH BR114、TOUCH BR102号马克笔绘制头发的明暗与层次。

5 上装第一遍上色：用TOUCH CG1号浅灰色宽头马克笔以横向笔触在肩部绘制，表现出服装的厚度，而袖子和衣身沿褶皱走向运笔，在受光面袖子适当留白。用TOUCH Y34号黄色马克笔绘制门襟立体装饰花朵、扣子及袖口飘带，用TOUCH Y42号橄榄绿马克笔绘制立体装饰花朵的叶子。

6 上装第二遍上色：用TOUCH CG2、COPIC C3号马克笔绘制上衣的暗面，区分受光面与背光面，展现胸腔体块与手臂的立体感。用TOUCH YR31号橙黄色马克笔绘制门襟立体装饰花朵、扣子及袖口飘带的暗面。

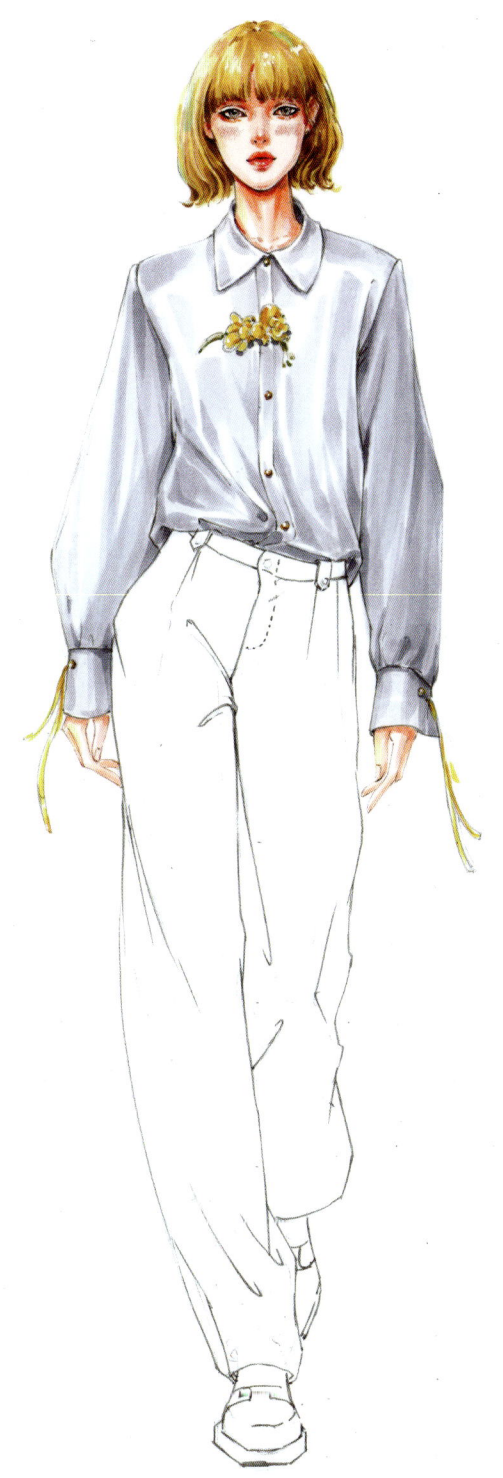

7 上装第三遍上色：用法卡勒CG271、COPIC C7号马克笔绘制更深的暗面及褶皱最暗的区域。用COPIC Y28号深黄色马克笔和棕色勾线笔刻画立体装饰花朵的细节与层次。用白色高光笔在立体装饰花朵、扣子处点绘高光，丰富画面层次。

8 下装第一遍上色：用法卡勒 B234 号浅蓝色马克笔以纵向笔触平涂裤子，受光面适当留白。用法卡勒 CG272 号深灰色马克笔绘制鞋底，用 COPIC E97 号黄棕色马克笔绘制鞋面，通过笔触区分鞋头各面体块，注意转折处留白。

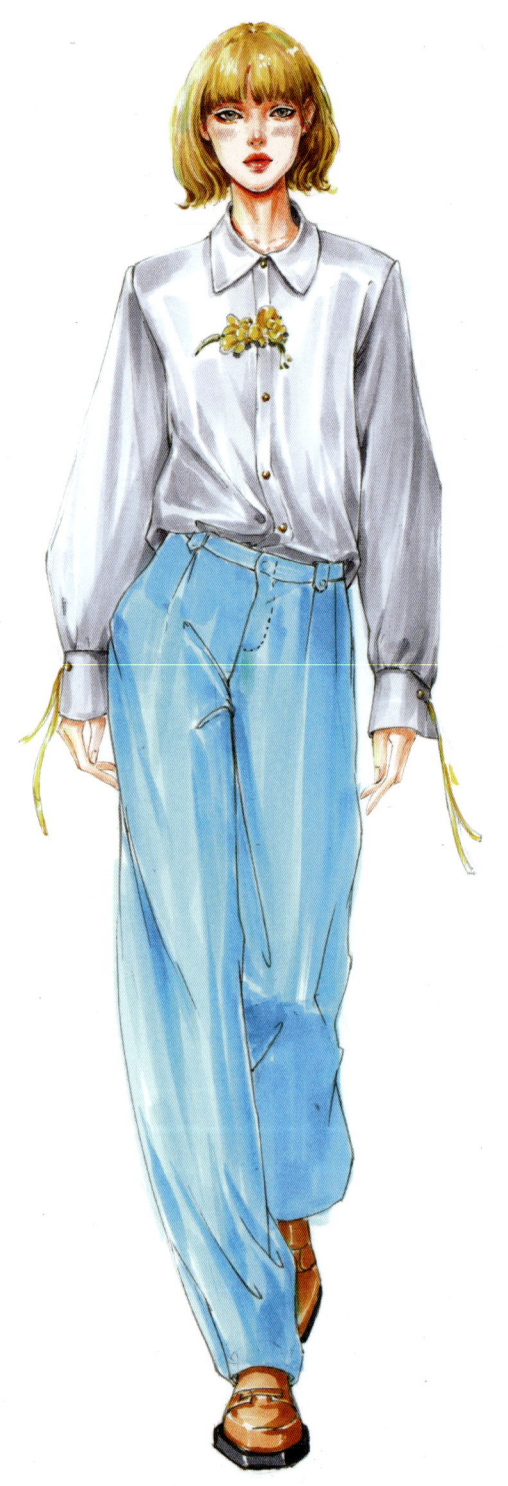

9 下装第二遍上色：用法卡勒 B236、COPIC FBG2 号马克笔铺出裤子的暗面。用 COPIC E99 号深黄棕色马克笔绘制鞋子的背光面，注意区分前后鞋子的明暗关系。用 COPIC C9 号深灰色马克笔绘制黑色鞋底部分。

⑩ 下装第三遍上色：用法卡勒 B237、COPIC B37、COPIC B97 号马克笔绘制裤子更深的暗面，凸显腿部姿态，用高光笔点绘裤子的高光。用 COPIC Y11、TOUCH PB77 号马克笔在裤子的亮面与暗面轻绘环境色，丰富色彩层次。用 COPIC C9 号深灰色马克笔和高光笔表现扣子的立体感。用 COPIC E79 号深棕色马克笔加深裤子在鞋子上的投影，用 COPIC 110 号黑色马克笔加深鞋底的暗面。

⑪ 背景绘制：用 COPIC R29 号大红色宽头马克笔，以流畅、潇洒的笔触绘制背景，让画面更灵动、活泼。

3.2.9 西服马克笔上色表现

一、思路解析

❖ **线稿**

①线条特性与运用：绘制线稿时以长线条为主，长线条能自然地展现西服的挺括质感，避免短促生硬的线条破坏整体效果。例如，勾勒西服肩部和下摆时，用流畅的长线条表现其立体剪裁和垂坠感。

②关键要素描绘：着重把握西服的廓形，无论是修身款还是宽松款，都要清晰展现款式特征。注意预留合适的松量，表现穿着时的舒适度；通过线条的粗细变化、疏密分布来表现面料的厚度，如在袖口、领口等部位适当加粗线条。

❖ **上色**

①色彩过渡把控：上色时，确保色彩过渡柔和自然，通过控制马克笔的运笔速度、力度及颜色的叠加层数，实现颜色自然融合，呈现细腻的色彩层次，注意避免色块拼接或颜色断层。

②重点部位刻画：着重刻画领子，精准描绘挺括的领型，通过颜色的叠加和渐变表现领子的厚度（如暗部加深、亮部提亮），增强立体感。

❖ **细节**

①局部精细雕琢：对于包包的局部细节，要精心绘制。例如，仔细刻画包包的立体感及装饰物的层次感。

②整体协调：刻画西服的细节时，注意用适当的笔触表现领子、口袋盖、门襟等的厚度，使局部细节与整体风格更加协调。

二、绘制步骤

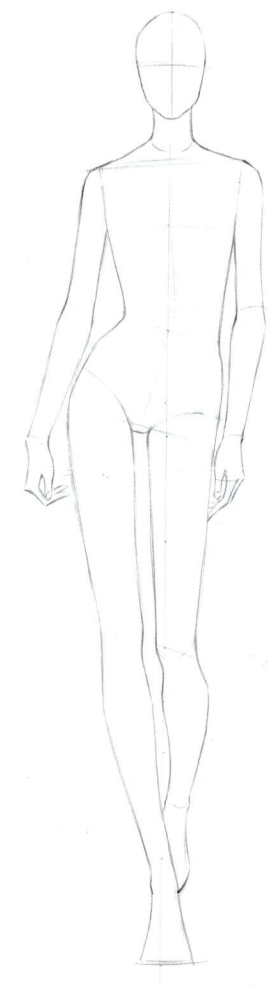

1 人体起稿：用黑色自动铅笔勾勒人体轮廓，精准把握胸腔与胯部的扭转关系，以大体块概括右腿前迈的走姿，将重心置于右脚，注意通过线条的轻重变化表现立体感。

2 头部与着装起稿：基于人体动态，细致刻画五官与发型，留意头发的分组。用干脆利落的线条展现西服的挺括质感。绘制上衣时注意领子与脖子的环绕关系；绘制裤子时注意烫迹线随褶皱产生起伏效果。

3 勾线：用橡皮擦淡铅笔线稿，用深褐色勾线笔细致勾勒五官、发型、颈部、内搭、手及包包。然后用棕色小楷笔勾勒服装的轮廓与细节，把握线条的轻重缓急变化。

4 头部刻画与人体上色。

01 用 COPIC R000 号马克笔均匀平铺皮肤底色。用 COPIC R01 号马克笔在眉弓下方、鼻底等部位绘制阴影，塑造五官的立体感，同时在脖子、手部绘制阴影，表现人体的明暗关系。

02 用 COPIC R02 号马克笔绘制眼影，加深鼻底及其他五官的阴影。用黑色勾线笔勾勒眼线与瞳孔等，用棕色纤维笔绘制眼珠。交替使用橙红色彩铅与橙色纤维笔绘制嘴唇，下唇高光处留白或用白色高光笔提亮。

03 用法卡勒 YR219、COPIC Y26、TOUCH BR114、TOUCH BR102 号马克笔绘制头发的明暗与层次。

5 上装第一遍上色：用法卡勒 B240 号浅蓝色马克笔平涂内搭，通过留白表现立领的厚度。用法卡勒 YR220 号浅黄色宽头马克笔在肩部以横向笔触表现上衣的厚度，袖子和衣身沿褶皱走向运笔，在袖子的受光面适当留白。

6 上装第二遍上色：用法卡勒 B111 号蓝色马克笔绘制内搭的暗面，突出脖子的立体感。用法卡勒 YR219、法卡勒 E419 号马克笔绘制上衣的灰面与暗面，展现胸腔、手臂的体块与明暗。

7 上装第三遍上色：用 COPIC B99 号深蓝色马克笔强化内搭的暗部。用法卡勒 E180、COPIC E33 号马克笔绘制更深的暗面及褶皱最暗的区域。用 TOUCH CG7、COPIC 100 号马克笔与黑色勾线笔绘制扣子。用白色高光笔在上衣领子、门襟、口袋、扣子处点绘高光，丰富画面层次。

8 下装第一遍上色：用法卡勒 YR220 号浅黄色马克笔以纵向笔触平涂裤子，注意在受光面留白，并借助笔触表现烫迹线。用 TOUCH CG3 号浅灰色马克笔绘制鞋子。用法卡勒 B240 号浅蓝色马克笔平涂包包的蓝色部分，用 TOUCH Y35 号黄色马克笔绘制包包的黄色部分。

9 下装第二遍上色：用法卡勒 YR219、法卡勒 E419 号马克笔绘制裤子的灰面与暗面，拉开前后裤腿的明暗对比，体现腿部体块的明暗关系。用 TOUCH CG5、TOUCH CG7 号马克笔绘制鞋子的背光面。用法卡勒 B302 号蓝色马克笔绘制包包蓝色部分的暗面，用 COPIC YR23 中黄色马克笔绘制黄色部分的暗面。

10 下装第三遍上色：用法卡勒 E419、法卡勒 E180、TOUCH BR91 号马克笔强化裤子的暗部及褶皱，以流畅的笔触表现挺括感。用 COPIC C7 号灰色马克笔绘制鞋子的暗面及裤子在鞋子上的投影。用法卡勒 B111 号蓝色马克笔绘制包包蓝色部分的最暗处，用 TOUCH BR99、TOUCH BR101 号马克笔绘制包包黄色部分的最暗处。用 COPIC B01 号浅蓝色马克笔在西服的暗面轻扫环境色，丰富色彩层次。用高光笔在裤子烫迹线、包包转折等处点绘高光。

11 背景绘制：用 COPIC V17 号紫色宽头马克笔，以流畅、潇洒的笔触绘制背景，使画面更灵动。

3.2.10 大衣马克笔上色表现

一、思路解析

❖ 线稿

①线条运用：绘制线稿时，多采用流畅的长线条勾勒大衣的整体轮廓（如直筒型、茧型、收腰型），展现大衣自然舒展的形态。例如，绘制大衣衣身、衣袖时，用顺滑的长线条表现其流畅的轮廓。

②关键要素呈现：着重描绘大衣的廓形，清晰展现其款式特点。同时，准确预留松量，表现大衣的舒适度；通过线条的粗细、疏密变化表现面料的厚度。

❖ 上色

①色彩过渡技巧：上色时，通过控制马克笔的运笔速度、力度及颜色的叠加层数，实现颜色自然融合，避免色块拼接或颜色断层，表现大衣细腻的质感。

②重点部位刻画：着重刻画领子，精准描绘出规整的领型，通过颜色的叠加和渐变，表现领子的厚度和立体感。

❖ 细节

①局部细节刻画：对于袖带、盘扣等细节需精心刻画。例如，仔细描绘袖带的形态，通过合适的线条和色彩展现其轻盈感；清晰勾勒盘扣的形状与纹理，表现其质感和工艺。

②整体细节协调：确保局部细节与大衣整体风格统一，避免突兀。注意各细节之间的呼应关系，增强画面的和谐感。

二、绘制步骤

1 人体起稿：用黑色自动铅笔勾勒人体轮廓，精准把握胸腔与胯部的扭转关系，以大体块概括右腿前迈的走姿，将重心置于右脚，注意通过线条的轻重变化表现立体感。

2 头部与着装起稿：基于人体动态，细致刻画五官、发型及帽子，注意帽子相对头型需有一定的松量。用简洁利落的线条绘制服装，注意绘制内搭背心时要凸显胸部结构，绘制短裤时通过腰头形状体现盆骨结构与动态。绘制大衣时，注意其廓形、松量，以及领子与脖子的环绕关系。

3 勾线：用橡皮擦淡铅笔线稿，用深褐色勾线笔细致勾勒五官、发型及人体轮廓。随后，用棕色小楷笔勾勒服装的轮廓与细节，把握线条的轻重缓急变化。

4 头部刻画与人体上色。

01 用 COPIC R000 号马克笔均匀平铺皮肤底色。用 COPIC R01 号马克笔在眉弓下方、鼻底等部位绘制阴影，塑造五官的立体感，同时用 COPIC R01、法卡勒 R143、COPIC E09 号马克笔在脖子、腰部、腿部绘制阴影，并用 COPIC BV000、COPIC Y11 号马克笔轻扫皮肤的环境色，表现人体的明暗关系。

02 用 COPIC R02 号马克笔绘制眼影，加深鼻底及其他五官的阴影。用黑色勾线笔勾勒眼线与瞳孔等，用灰色纤维笔绘制眼珠。交替使用橙红色彩铅与橙色纤维笔绘制嘴唇，下唇高光处留白或用白色高光笔提亮。

03 用 TOUCH CG5、COPIC C7 号马克笔绘制头发的明暗与层次。

5 上装第一遍上色：用TOUCH BR112号红棕色宽头马克笔平涂大衣，肩部以横向笔触表现厚度，袖子和衣身沿褶皱走向运笔，袖子的受光面适当留白。用COPIC E33号浅棕色马克笔平涂内搭背心，用TOUCH BR111号红棕色马克笔平涂帽子，沿帽子的结构运笔。

6 上装第二遍上色：用COPIC E97号黄棕色马克笔绘制内搭背心的暗面，展现胸部体块。用TOUCH BR112号红棕色马克笔绘制大衣的灰面与暗面，展现胸腔、手臂的体块与明暗，并区分出大衣的里外侧。用COPIC E09号红棕色马克笔绘制帽子的灰面与暗面。

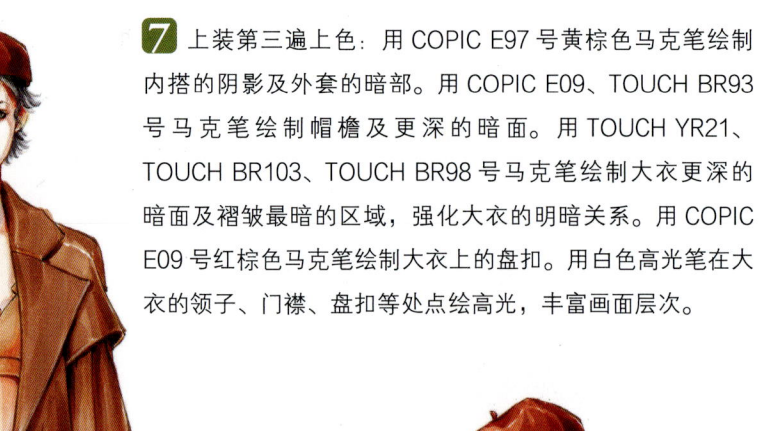

7 上装第三遍上色：用COPIC E97号黄棕色马克笔绘制内搭的阴影及外套的暗部。用COPIC E09、TOUCH BR93号马克笔绘制帽檐及更深的暗面。用TOUCH YR21、TOUCH BR103、TOUCH BR98号马克笔绘制大衣更深的暗面及褶皱最暗的区域，强化大衣的明暗关系。用COPIC E09号红棕色马克笔绘制大衣上的盘扣。用白色高光笔在大衣的领子、门襟、盘扣等处点绘高光，丰富画面层次。

8 下装第一遍上色：用COPIC E33号浅棕色马克笔平涂短裤，注意在腰头横向运笔，在裤身纵向运笔。用法卡勒CG272号深灰色马克笔纵向平涂靴子，注意高光部分适当留白。

9 下装第二遍上色：用 COPIC E33 号浅棕色马克笔绘制短裤的灰面与暗面。用法卡勒 CG272 号深灰色马克笔绘制靴子的灰面与暗面。注意后靴的色彩更深、对比度更弱；前靴的明暗对比更强，并表现出高光形状。

10 下装第三遍上色：用 COPIC E97、COPIC E74、TOUCH BR101 号马克笔加深短裤的暗面。用 COPIC C9 号深灰色和 COPIC 110 号黑色马克笔绘制靴子的暗面，用 COPIC B23 号蓝色马克笔绘制靴子的反光。用高光笔或白色彩铅绘制前靴的高光，表现高光的明暗、深浅及形状变化。

11 背景绘制：用COPIC B32号浅蓝色宽头马克笔，以流畅的弧形笔触绘制背景，使画面更显灵动、活泼。

第 4 章

服装设计
效果图
面料绘制表现

服装面料
水彩上色表现

服装面料
马克笔上色表现

在服装设计领域，效果图作为传达设计理念与构思的重要媒介，面料的准确绘制与表现起着重要作用。它不仅能直观地呈现服装的材质质感，还能为后续的设计实践提供清晰的指引。本章围绕水彩与马克笔这两种常用的工具，深入剖析多种面料在服装设计效果图中的绘制方法与技巧。

在水彩绘制部分，详细探讨了羽绒服、针织、牛仔、皮革、皮草、呢子、薄纱、蕾丝等面料的表现方式。每种面料都从线稿、上色和细节3个方面进行阐述。线稿阶段，强调依据面料的属性用不同风格的线条来勾勒廓形与纹理，如用轻柔的线条表现薄纱、蕾丝的轻盈，用硬朗的线条突出牛仔、皮革的挺括；上色过程中，注重整体明暗关系的把握、色彩过渡的自然流畅及笔触运用的巧妙变化，以此生动展现面料的质感；在细节处理上，精心刻画关键元素，如羽绒服面料的褶皱、针织面料的纹理等，从而提升画面的精致度。

马克笔绘制部分同样涵盖多种面料，从精准勾勒线稿突出面料特征（如羽绒服的蓬松感、牛仔的硬朗外形），到上色时先铺大色块，确定整体明暗关系，再通过细腻的笔触凸显材质的差异，都进行了详细的讲解。同时，对关键元素和配饰的精心处理，以及背景的色彩与笔触的巧妙选择，都与主体面料相互呼应，增强了画面的整体效果。

通过对绘制不同面料的细致讲解，从人体起稿、头部与着装起稿，到勾线、上色及背景绘制的逐步引导，大家能够系统地掌握各种面料的表现技巧，使服装设计效果图更真实、生动地展现服装的材质特点与设计细节，为服装设计提供强有力的视觉表达支持。

4.1 服装面料水彩上色表现

4.1.1 羽绒服面料水彩上色表现

一、思路解析

◆ **线稿**

①廓形绘制：预留充足松量，着重描绘羽绒服的蓬松感与整体廓形，展现饱满感。

②结构勾勒：清晰勾勒领口、袖口等结构线与分割线，明确上色区域边界。

◆ **上色**

①整体铺色：依据光源确定明暗关系，先铺大色块，构建羽绒服的整体色彩与光影关系。

②细节笔触：用灵活短小的笔触顺着羽绒服的走向处理小块面与褶皱，表现其蓬松质感。

◆ **细节**

①细节刻画：精心刻画羽绒服绗线处的褶皱和靴子上的中国结装饰等细节，确保表现准确。

②精致处理：运用细腻线条与色彩过渡技法，刻画高光与阴影，提升画面的精致度。

二、绘制步骤

1 人体起稿：用橘色自动铅笔勾勒人体轮廓，精准把握胸腔与胯部的扭转关系，以大体块概括右腿前迈的走姿、重心置于右脚。

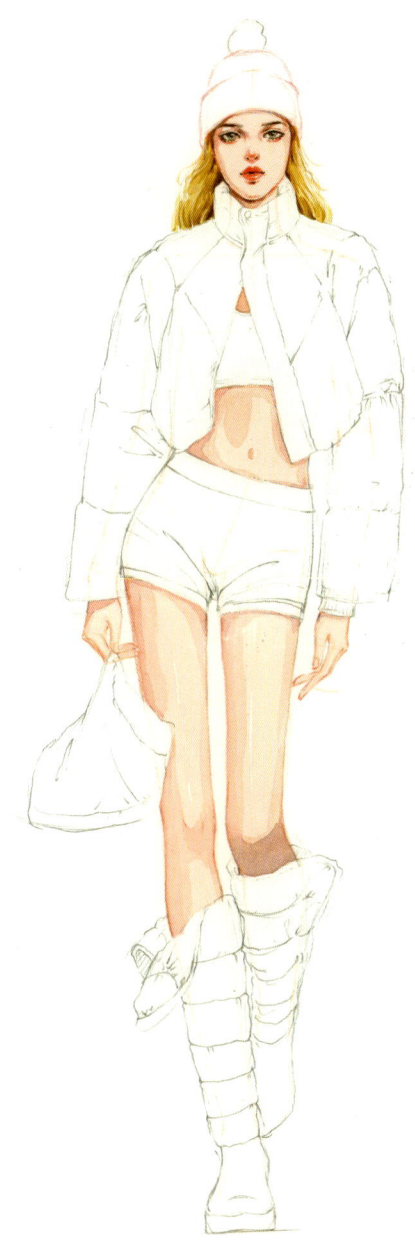

2 头部与着装起稿：用黑色、红色自动铅笔和红色彩铅细致刻画五官和头发等，重点处理针织帽与头部的结合及帽子的厚度。大胆预留出羽绒服部分的松量，展现其大廓形与蓬松度。

3 头部刻画与人体上色。

01 用棕色、黑色勾线笔描绘眉毛、眼线、眼珠、唇中线等，用红色彩铅绘制眼窝、卧蚕、鼻子与嘴唇等的明暗。

02 擦淡铅笔线稿后，用土黄、朱红加水调出皮肤固有色，平涂皮肤。再添加玫瑰红、群青，表现皮肤部分的明暗关系。

03 用熟褐、土黄加水平涂头发的底色，头顶转折处留白。待颜料干透后，用深棕色加深头发的暗部，强化帽子与头发间的阴影。依发丝走向运笔，保证头发的立体感和层次感。

4 上装第一遍上色：在调色盘中将群青、青莲加大量的水调成蓝紫色平涂帽子；再加水调出更浅的蓝紫色，以大笔触平涂羽绒服，高光处巧妙留白并注意留白的形状；然后加少量钴蓝，绘制羽绒包包。用土黄、白群加大量的水调出浅紫灰色，绘制白色内搭。

5 上装第二遍上色：用群青、青莲调出深蓝紫色，绘制帽子的灰面和暗面；再加水调出蓝紫色，绘制羽绒服的灰面和暗面；然后加钴蓝绘制羽绒包包的阴影。调出浅紫灰色后绘制白色内搭的阴影。

6 上装第三遍上色：添加少量的水，控制笔尖的水分，用群青、青莲调出更深的蓝紫色，绘制帽子的暗面；再加少量的水调和蓝紫色，绘制羽绒服的暗面及投影区域，尤其加深羽绒服领口内侧、腋下等处；然后加钴蓝绘制羽绒包包的暗面。调出深紫灰色后强化白色内搭的阴影。

7 下装第一遍上色：用紫色加大量的水调出淡紫色，以大笔触平涂短裤，注意区分受光面和背光面。钴蓝、普鲁士蓝加水调出深蓝色后绘制靴子，注意前面靴头的高光处留白。

8 下装第二遍上色：浅紫色加青莲调出紫灰色，绘制短裤的灰面和暗面，突出胯部、腿部体块的转折效果。钴蓝、普鲁士蓝加少量的水调出更深的蓝色，绘制靴子的灰面和暗面（后面的靴子以大色块表现，减弱明暗对比，前面的靴子加强明暗对比）。

9 下装第三遍上色：用深紫色绘制短裤的暗面及颜色更深的区域，细致勾勒腰头罗纹肌理。深蓝色加普鲁士蓝调和，控制笔尖的水分，绘制靴子的暗面、绗线处小块面及小褶皱，重点刻画前面靴子的细节，后面的靴子做虚化处理即可。最后，洋红加水调成红色，细致刻画靴子上的中国结装饰。

4.1.2 针织面料水彩上色表现

一、思路解析

❖ **线稿**

①**廓形与线条**：把握针织面料服装的廓形、松量及厚度并用流畅、柔和的线条描绘，注意避免出现生硬的转折结构。

②**纹理表现**：依据服装的褶皱与人体的曲线调整线条的方向，通过线条的粗细、轻重变化展现针织纹理。

❖ **上色**

①**整体明暗**：先确定服装的整体明暗关系，确保色彩过渡自然柔和，塑造服装的光影效果。

②**纹理立体**：着重刻画针织纹理的明暗变化，凸显其立体感，强化面料的质感。

❖ **细节**

①**罗纹肌理**：精细描绘领口、袖口、下摆等部位的罗纹肌理，展现面料的独特质感。

②**花纹主次**：清晰表现主体麻花纹理的立体感，处理好主次关系，细致刻画裙子上的竹子纹样。

二、绘制步骤

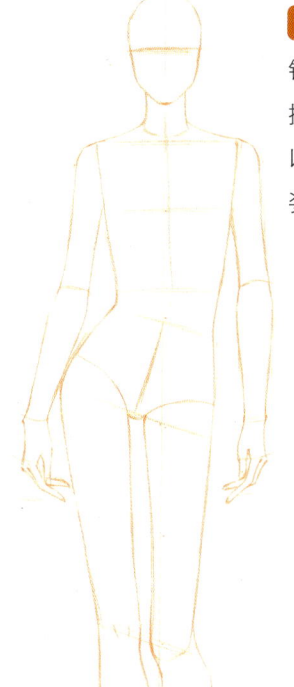

1 人体起稿：用橘色自动铅笔勾勒人体轮廓，精准把握胸腔与胯部的扭转关系，以大体块概括右腿前迈的走姿，重心置于右脚。

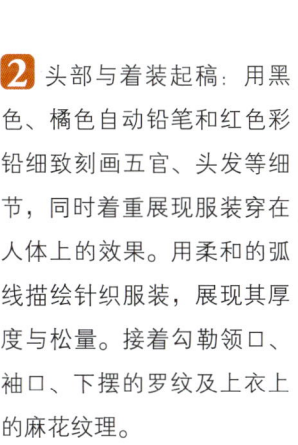

2 头部与着装起稿：用黑色、橘色自动铅笔和红色彩铅细致刻画五官、头发等细节，同时着重展现服装穿在人体上的效果。用柔和的弧线描绘针织服装，展现其厚度与松量。接着勾勒领口、袖口、下摆的罗纹及上衣上的麻花纹理。

4 上装第一遍上色：在调色盘中将酞青绿、浅铬黄加大量的水调出绿色调，以大笔触平涂上衣。受光面先用清水打湿，再上色晕染出轻柔的虚化效果。

3 头部刻画与人体上色。

01 用棕色、黑色勾线笔描绘眉毛、眼线、眼珠、唇中线等，用红色彩铅绘制眼窝、卧蚕、鼻子与嘴唇等的明暗。

02 擦淡铅笔线稿后，用土黄、朱红加水调出皮肤固有色，平涂皮肤。再添加玫瑰红、群青，表现皮肤部分的明暗关系。

03 用洋红、玫瑰红加水平涂头发的底色，头顶转折处留白。颜料干透后用深玫红色加深头发的暗部。依发丝的走向运笔，兼顾每缕发丝的形态、立体感和层次感。用勾线笔或彩铅添加飞散的发丝，表现头发的蓬松、飘逸。

6 上装第三遍上色：在上一步的基础上，进一步控制水分，调出更深的绿色，绘制针织上衣的暗面，塑造针织纹路（如领口、袖口、下摆罗纹的明暗及衣身的麻花纹理）的立体感，注意麻花纹理的主次、虚实布局。用白色高光笔绘制领口处的白色蕾丝和袖口的白色针织部分。

5 上装第二遍上色：在上一步的基础上，在调色盘中加入深钴绿及少量的水调和，绘制针织上衣的灰面和暗面，突出人体和服装的大转折面（如胸臀部、手臂体块），增强明暗关系。

8 下装第二遍上色：在上一步的基础上，深钴绿加少量玫瑰红调和，加强裙子的明暗关系。永固绿加少量深钴绿调和，绘制前面袜子的暗部，添加少量白群调和，绘制后面袜子的暗部，注意用笔尽量具有整体性。

7 下装第一遍上色：浅酞黄、白绿加大量的水调和，以大笔触平涂裙子，注意区分受光面和背光面并预留高光部分。深钴绿加水绘制裙子的里衬。用永固绿加水绘制前面的袜子，再加少量钴蓝绘制后面的袜子，表现冷暖对比。用黑色加水调出深灰色后绘制鞋子。

第 4 章 服装设计效果图面料绘制表现

10 图案绘制与上色：用永固绿加水调出浅绿色，绘制裙子上的竹子图案，再加群青加深竹子图案的暗面。注意竹子的形态自然，图案随人体结构、光影和服装褶皱变化，表现出大小、明暗、虚实、主次对比。

9 下装第三遍上色：调和绿灰色绘制裙子的暗面，用深灰色绘制裙子的里衬。用深钴绿加水绘制前面袜子的暗面及针织肌理。后面的袜子不再深入刻画，表现出明暗关系即可。用黑色绘制鞋子的暗面，预留高光并控制好高光的轮廓。

4.1.3 牛仔面料水彩上色表现

一、思路解析

❖ **线稿**

①**线条特征**：多采用长线条勾勒并突出线条的转折效果，塑造牛仔面料挺括的外形。

②**整体勾勒**：运用上述线条完整勾勒牛仔服装的整体轮廓，体现其材质特性。

❖ **上色**

①**笔触表现**：用块面笔触表现牛仔面料的明暗及层次变化。

②**对比强化**：强调明暗对比，通过强烈对比突出牛仔面料的质感。

❖ **细节**

①**关键部位**：着重刻画腰头、裤口等因加固工艺产生褶皱的关键部位。

②**褶皱刻画**：细腻描绘服装上的细碎褶皱，增强画面的真实感。

二、绘制步骤

1 人体起稿：用红色自动铅笔勾勒人体轮廓，把握好胸腔与胯部的扭转关系，以大体块概括左腿前迈、重心落于左脚的走姿动态。

2 头部与着装起稿：用黑色、红色自动铅笔和红色彩铅细致刻画眼睛、鼻子、嘴巴、耳朵等。用曲线表现卷发，凸显其卷曲的形态与蓬松感。用长线条绘制服装，体现牛仔面料挺括的特征。

3 头部刻画与人体上色。

01 用棕色、黑色勾线笔描绘眉毛、眼线、眼珠、唇中线等，用红色彩铅绘制眼窝、卧蚕、鼻子与嘴唇等的明暗。

02 擦淡铅笔线稿后，用土黄、朱红加水调出皮肤固有色，平涂皮肤。再添加玫瑰红、群青，表现皮肤及头部特定部位的暗面。

03 用熟褐、中黄、土黄加水平涂头发的底色，头顶转折处留白。颜料干透后用深棕色加深头发的暗部，强化头发与耳朵、颈部交界处的暗部。

4
上装第一遍上色：用上一步处理皮肤的方法表现胸腔部位的薄纱内搭的明暗。在调色盘中将土黄、印度黄加大量的水调成浅黄色，先用清水打湿受光面，再用浅黄色上色晕染出虚化效果。将土黄、中黄调和后绘制围巾。将黑色加水调和后绘制耳饰、项链、手环。将铬橙、土黄加水调和后绘制包包。

5 上装第二遍上色：在上一步的基础上添加土黄调和，绘制上衣、围巾、包包的阴影色。将黑色加水调和后绘制耳饰、项链、手环的阴影色。

6 上装第三遍上色：在上一步的基础上添加熟褐和少量的水调成深棕色，绘制上衣（如领子内侧、腋下附近的袖子等）的暗部，同时加深围巾、包包、首饰的暗面，突出上半身几种黄色的色相对比。

7 下装第一遍上色：将钴蓝、群青加大量的水调出浅蓝色，先用水打湿裤子两侧的受光面，再用浅蓝色平涂裤子，注意区分受光面和背光面。将黑色、紫色加水调成浅灰色后绘制鞋子，注意鞋头的高光处留白。

8 下装第二遍上色：在上一步的基础上加钴蓝调成蓝色，绘制裤子的灰面和暗面，突出胯部、腿部体块的转折，拉开前后裤腿的明暗对比。将黑色、紫色加少量的水调成灰色，绘制鞋子的灰面和暗面。注意后面的鞋子以大色块表现来减弱明暗对比，前面的鞋子加强明暗对比。

9 下装第三遍上色：调出深蓝色后绘制裤子的暗面及颜色更深的区域，细致勾勒腰头、门襟、裤口等的褶皱处，加强明暗对比。调出深灰色后加强鞋子的暗部及裤子在鞋子上的投影。

4.1.4 皮革和皮草面料水彩上色表现

一、思路解析

🔸 **线稿**

①**皮革勾勒**：用较直的线条描绘皮革面料，突出其挺括的外形，展现其硬朗的质感。

②**皮草描绘**：将皮草按毛流方向分组，以长短、粗细、轻重各异的线条勾勒皮草的轮廓，表现皮草的蓬松感。

🔸 **上色**

①**皮革上色**：通过笔触塑造皮革色块的变化，预留出高光形状，并表现出高光的明暗深浅差异，凸显皮革的光泽。

②**皮草上色**：在保持整体感的基础上，以有规律、顺毛流的小笔触，局部表现皮草的毛绒质感，展现毛发的柔软、蓬松与纹理。

🔸 **细节**

①**皮革细节**：精准把握皮革高光处的形状与明暗层次，增强皮革的真实质感。

②**皮草及配饰细节**：细致刻画皮草面料的层次变化，以及中国结、立领等元素，提升画面的精致度。

二、绘制步骤

1 **人体起稿**：用红色自动铅笔勾勒人体轮廓，精准把握胸腔与胯部的扭转关系，以大体块概括左腿前迈、重心落于左脚的走姿动态。

2 **头部与着装起稿**：用黑色、红色自动铅笔和红色彩铅细致刻画五官、头发等细节。描绘皮草外套时，注意以长短、粗细、轻重不同的线条将毛发按毛流的方向分组，体现皮草面料的柔软、蓬松与厚度。绘制皮革裤子时，用较直的线条表现，突出皮革面料转折明显、材质挺括的特点。

第4章 服装设计效果图面料绘制表现

3 头部刻画与人体上色。

01 用棕色、黑色勾线笔勾勒眉毛、眼线、眼珠、唇中线等,用红色彩铅描绘眼窝暗面,并表现卧蚕、鼻子与嘴唇等的明暗。

02 擦淡铅笔线稿后,用土黄与朱红加水调出皮肤固有色并平涂皮肤,再添加玫瑰红、群青,表现皮肤及头部特定部位的暗面。

03 用黑色加水调和后平涂头发的底色,头顶转折处留白。颜料干透后用黑色加深头发的暗部,特别是头发与耳朵、脸部、颈部的交界处,塑造头发的立体感和层次感。

4 上装第一遍上色:在调色盘中将白绿加大量的水调成浅绿色,用清水打湿画面后,以大笔触蘸取浅绿色并迅速铺出皮草外套的底色,注意在受光面晕染出虚化效果。印度黄加水调和,绘制内搭。绿青与松石蓝调和,绘制皮革手套。朱红加大量的水调和,绘制中国结。

-139-

5 上装第二遍上色：在上一步的基础上，将白绿与绿青调成深一点的绿色，绘制皮草外套的灰面和暗面，明确整体的明暗关系。调出暖灰色并绘制内搭的阴影。绿青与松石蓝加少量的水调和后绘制皮革手套的灰面和暗面。朱红加少量的水调和后绘制中国结的灰面和暗面。

6 上装第三遍上色：酞青绿加少量的水调和，控制笔尖的水分，绘制皮草外套（如领口、腋下附近的袖子等区域）更深的暗部。注意处理好皮草与其他衣物的交界处，同时加深内搭、手套、中国结的暗面。

7 下装第一遍上色：将绿青、孔雀青加大量的水调出蓝绿色，在皮革裤子小腿处先用清水打湿，再上色晕染，注意区分受光面和背光面。将黑色加水调成深灰色后绘制鞋子，注意鞋头的高光处适当留白。

8 下装第二遍上色：绿青、孔雀青加少量的水调和后绘制皮革裤子的灰面和暗面，突出胯部、腿部体块的转折，加强前后裤腿的明暗对比。黑色加少量的水调和后绘制鞋子的灰面和暗面。注意后面的鞋子以大色块表现来减弱明暗对比，前面的鞋子加强明暗对比。

9 下装第三遍上色：调出深蓝绿色，控制笔尖的水分，绘制皮革裤子的暗面及颜色更深的区域，注意与皮草外套交界处的处理。黑色加少量的水调和后加强鞋子的暗面，重点刻画前面鞋子的细节，后面的鞋子做虚化处理。用高光笔或白色提亮裤子、鞋子等的高光，注意高光的形状与颜色的深浅变化。调出深红色加强中国结的阴影色和轮廓。

10 图案绘制与上色：深钴绿加水调和后绘制内搭上衣处的叶子，用菲褐红加水调和后绘制花朵，表现花朵的大小、主次、虚实对比，增强内搭上衣上花纹的层次感。

4.1.5 呢子面料水彩上色表现

一、思路解析

❖ **线稿**

①**整体轮廓**：绘制呢子大衣线稿时，以长线条勾勒为主，着重表现大衣的廓形、松量与面料厚度。

②**线条特质**：线条需保持柔和、流畅，以契合呢子面料挺括又不失柔和的质感与形态特点。

❖ **上色**

①**色彩过渡**：上色时确保色彩过渡柔和、自然，打造呢子面料细腻的质感和光影变化。

②**关键部位**：着重刻画肩部、领子、门襟等部位，精准描绘其规整轮廓与厚度，展现呢子大衣的结构特征。

❖ **细节**

①**局部刻画**：精致刻画领子、门襟的厚度，增强呢子大衣的立体感。

②**装饰描绘**：将立体装饰花朵等细节处理到位，提升画面的精致度与整体效果。

二、绘制步骤

1 人体起稿：用红色自动铅笔勾勒人体轮廓，把握胸腔与胯部的扭转关系，以大体块概括右腿前迈、重心落于右脚的走姿，注意插兜手的动态与透视关系。

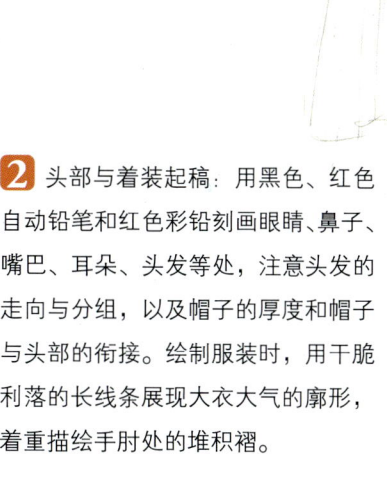

2 头部与着装起稿：用黑色、红色自动铅笔和红色彩铅刻画眼睛、鼻子、嘴巴、耳朵、头发等处，注意头发的走向与分组，以及帽子的厚度和帽子与头部的衔接。绘制服装时，用干脆利落的长线条展现大衣大气的廓形，着重描绘手肘处的堆积褶。

3 头部刻画与人体上色。

01 用棕色、黑色勾线笔勾勒眼线、眼珠等，用红色彩铅描绘眼窝暗面，并表现卧蚕、鼻子与嘴唇等的明暗。

02 擦淡铅笔线稿后，用土黄、朱红加水调出皮肤固有色并平涂皮肤，再添加玫瑰红、群青，表现皮肤的明暗、帽子下方的投影及眉弓、鼻底等的暗面。

03 用黑色、紫色加水调和后平涂头发的底色。颜料干透后用黑紫色加深头发的暗部，尤其是帽子下方的发丝。用勾线笔或彩铅添加飞扬的发丝，表现头发的蓬松与飘逸。

4 上装第一遍上色：深铬黄加大量的水调成浅黄色，以轻柔的笔触平涂大衣的底色。在肩部、袖子等的受光面，用蘸清水的笔刷一层清水，使颜色自然晕开。洋红加水调和后平涂内搭、帽子。用灰色、群青、土黄调成浅紫灰色绘制衬衣领，预留高光并注意高光的形状。

5 上装第二遍上色：深铬黄加少量的水调和，控制笔尖的水分，绘制大衣的灰面和暗面，凸显人体大块面的转折。洋红、玫瑰红加少量的水调和后绘制内搭、帽子的灰面和暗面，增强色彩层次。

6 上装第三遍上色：深铬黄、土黄加水调和，控制笔尖的水分，加强大衣的暗部，明确领型、领子投影的形状及深浅变化，细致勾勒领子、口袋、袖口、扣子等的轮廓。洋红、玫瑰红加少量的水调和后绘制内搭、帽子更深的暗面。用紫灰色加强衬衣领的暗面。

7 下装第一遍上色：印度黄、柠檬黄、浅酞黄加大量的水调和后沿裤子的轮廓平稳铺底色，依光源方向在受光面留白，塑造立体感。灰色、白群、土黄加大量的水调和后绘制鞋子。

8 下装第二遍上色：在上一步的基础上加白群调和，绘制裤子的明暗关系，突出两裤腿前后的明暗对比，注意运笔干脆利落。在上一步浅灰色的基础上加入玫瑰红调和，绘制鞋子的阴影色。

9 下装第三遍上色：少许土黄、熟褐加少量的水调和，控制笔尖的水分，绘制裤子的暗面及颜色更深的区域，着重表现上衣在裤子上的投影变化和两腿交界处的明暗变化。调出浅紫灰色完善鞋子的暗部。

10 图案绘制与上色：洋红、白色加少量的水调和成浅粉色后绘制大衣上的立体花朵，土黄、熟褐加水调和后绘制枝干，注意花朵颜色随大衣的明暗变化而变化。重点刻画大衣领子处的花朵，增强虚实对比。颜料干透后用高光笔或白色点绘高光，增强画面的层次感。

4.1.6 薄纱和蕾丝面料水彩上色表现

一、思路解析

❖ **线稿**

①线条风格：以长弧线为主，线条轻柔细腻，贴合薄纱、蕾丝轻盈的特质。

②勾勒人体：用轻柔的线条勾勒出姿态优雅、舒展的人体，为后续服装的绘制奠定基础。

❖ **上色**

①绘制顺序：先完成皮肤的明暗处理，再绘制薄纱材质，确保层次分明。

②薄纱表现：铺色时运笔果断简洁，笔触干净利落，以最少的层次展现纱裙的清透、飘逸。

❖ **细节**

①图案变化：蕾丝或薄纱上的图案随人体结构、光影及服装褶皱变化，呈现自然、真实的效果。

②对比处理：通过控制图案的大小、明暗、虚实、主次对比，丰富画面的视觉效果。

二、绘制步骤

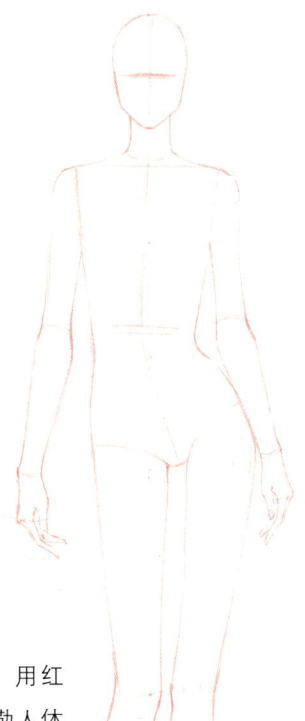

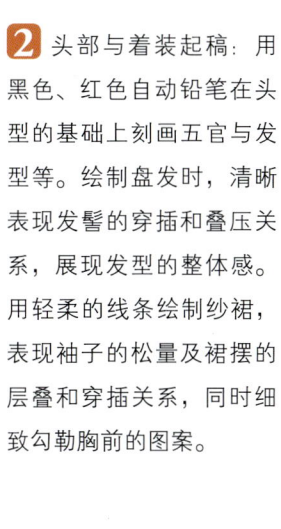

1 人体起稿：用红色自动铅笔勾勒人体轮廓，精准把握胸腔与胯部的扭转关系，以大体块概括左腿前迈、重心落于左脚的走姿动态。

2 头部与着装起稿：用黑色、红色自动铅笔在头型的基础上刻画五官与发型等。绘制盘发时，清晰表现发髻的穿插和叠压关系，展现发型的整体感。用轻柔的线条绘制纱裙，表现袖子的松量及裙摆的层叠和穿插关系，同时细致勾勒胸前的图案。

3 头部刻画与人体上色。

01 用棕色、黑色勾线笔勾勒眉毛、眼线、眼珠等,用红色彩铅描绘眼窝暗面并表现卧蚕、鼻子与嘴唇等的明暗。

02 擦淡铅笔线稿后,用土黄、朱红加水调出皮肤固有色并平涂皮肤,被薄纱覆盖的皮肤也需表现出明暗。再添加玫瑰红、群青,表现皮肤的明暗及眉弓、鼻底、颧骨等的暗面。

03 用黑色加水调和后平涂头发的底色,头顶转折处留白。颜料干透后用黑色加深头发的暗部,加重鬓角区域。用黑色勾线笔或彩铅在鬓角添加飞扬的发丝,展现头发的蓬松与飘逸。用紫色与白群调和,细致绘制耳饰和发簪。

4 上装第一遍上色:在调色盘中用白群、青莲加大量的水调成浅蓝紫色,以轻柔的笔触平涂上衣的底色,注意光源的方向,受光面巧妙留白,营造自然的光影层次。青莲加水调和,绘制领口、袖口的蕾丝部分。

5 上装第二遍上色：浅蓝紫色中加入少许群青调和，绘制上衣的阴影色，着重表现人体和服装的大转折面，如袖子暗面、胸腔侧面及腰部褶皱处，强化光影效果与立体感。青莲加少量的水调和后加深领口、袖口蕾丝的灰面和暗面。

6 上装第三遍上色：在上一步的基础上加少量的水，控制笔尖的水分，用干脆利落的笔触绘制上衣更深的暗部，把控好衣服的轮廓。青莲加少量的水调和后强化领口、袖口蕾丝的暗面。

7 下装第一遍上色：将白群、青莲加大量的水调成浅蓝紫色，在受光面用干净的笔蘸清水打湿纸面，再用蘸颜料的笔以大笔触轻柔地平涂裙子，在受光面形成轻柔虚化的效果，表现薄纱的透明感。

8 下装第二遍上色：将白群加大量的水调和，以大笔触绘制裙子的灰面和暗面，注意受光面使用较少的笔触。着重表现裙子在胯部体块转折处及前后腿处的明暗对比，注意运笔干脆利落，用尽量少的笔触展现裙子的立体感与光影变化。

9 下装第三遍上色：白群加少许群青、玫瑰红，再加少量的水调和，控制笔尖的水分，绘制裙子的暗面及颜色更深的区域，着重表现两腿交界处的明暗深浅变化。

10 图案绘制与上色：紫色加大量的水调和，绘制胸前花纹的底色，借助水表现渐变效果。再调和深紫色细致勾勒图案，注意图案的明暗深浅、虚实主次对比。待颜料干透后，用高光笔或白色点出边框的高光，增强花纹的层次感。最后，用白色细致勾勒领口、袖口蕾丝的高光。

4.2 服装面料马克笔上色表现

4.2.1 羽绒服面料马克笔上色表现

一、思路解析

◆ **线稿**

①**整体造型**：着重描绘羽绒服的廓形，突出其蓬松感，展现羽绒服饱满的形态。

②**面料区分**：运用不同的线条区分羽绒服与针织等面料，清晰界定不同的材质区域。

◆ **上色**

①**整体明暗**：先铺大色块，确定羽绒服整体的明暗色彩关系，构建初步的光影效果。

②**细节笔触**：处理羽绒服小块面细节时，用不同的笔触表现羽绒服和针织面料的特点，凸显材质的差异。

◆ **细节**

①**关键细节**：精心刻画羽绒服绗线处细碎的褶皱、内搭立领的绲边、盘扣等关键细节，提升画面的精致度。

②**配饰雕琢**：对包包、羽绒手套等配饰进行精细绘制，丰富画面的细节。

◆ **背景**

① **色彩选择**：用橙色宽头马克笔绘制背景，为画面增添鲜明的色彩，突出视觉焦点。

② **笔触运用**：以点、线、面的形式用笔，通过不同大小和方向的笔触，赋予画面节奏感。

二、绘制步骤

1 人体起稿：用黑色自动铅笔勾勒人体轮廓，精准把握胸腔与胯部的扭转关系，以大体块概括右腿前迈、重心落于右脚的走姿动态，注意姿态的舒展和线条的轻重变化。

2 头部与着装起稿：基于人体动态，细致绘制五官与发型，着重凸显卷发的蓬松感。用利落的线条表现羽绒服，加大松量展现其蓬松的厚度与大气的廓形，注意明确衬衣、针织衫、包包和羽绒服的叠压关系。画裤子时注意前后裤腿因动态产生的不同褶皱。

3 勾线：用橡皮擦淡铅笔线稿，用深褐色勾线笔勾勒五官、发型、颈部和盘扣，然后用黑色勾线笔勾勒羽绒服，用灰色纤维笔勾勒其他服装和配饰的轮廓及细节，注意线条的轻重和节奏变化。

4 头部刻画与人体上色。

01 用COPIC R000号马克笔平铺皮肤底色。用COPIC R01号马克笔在眉弓下方、鼻底等部位绘制阴影，塑造五官的立体感。

02 用COPIC R01、法卡勒R143、COPIC E09号马克笔在脖子处绘制阴影，用COPIC BV000、COPIC Y11号马克笔扫出皮肤的环境色，表现人体的明暗关系。

03 用COPIC R02号马克笔绘制眼影，并加深鼻底及其他五官的阴影。用黑色勾线笔勾勒眼线和瞳孔等，用灰色纤维笔绘制眼珠。用橙红色彩铅和橙色纤维笔绘制嘴唇，下唇高光处留白或用白色高光笔提亮。

04 用COPIC E74、COPIC E47、COPIC W7号马克笔绘制头发的明暗和层次。

5 上装第一遍上色：用 COPIC B32、COPIC B34 号马克笔绘制衬衣的领子和下摆，用法卡勒 R215 号红色马克笔勾勒领子的红色绲边和盘扣。用法卡勒 E408 号马克笔沿人体结构和褶皱绘制针织衫。用法卡勒 V336 号马克笔平涂羽绒服，多以纵向笔触运笔，注意受光面留白。用 TOUCH Y221 号浅黄色马克笔绘制包包和手套，用 COPIC C5 号马克笔以点状笔触绘制包链。

6 上装第二遍上色：用 COPIC B93 号蓝色马克笔绘制衬衣的暗面，用法卡勒 R140 号红色马克笔勾勒绲边、盘扣的背光面。用 COPIC E33 号浅棕色马克笔绘制针织衫的灰面和暗面，用法卡勒 RV135 号马克笔绘制羽绒服的灰面和暗面。用法卡勒 Y5 号黄色马克笔绘制包包、手套的灰面和暗面，用法卡勒 CG273 号马克笔以点状笔触加深包链。

7 上装第三遍上色：用COPIC B97、COPIC B99号马克笔强化衬衣的暗部，借助深红色勾线笔和白色高光笔表现衬衣领子的绲边和盘扣。用COPIC E99、TOUCH BR96、TOUCH BR101号马克笔绘制针织衫的暗面及颜色更暗的部分，并用马克笔的尖头勾勒领口、袖口、下摆罗纹和衣身的竖向肌理等。用法卡勒RV150、法卡勒RV152号马克笔强化羽绒服的暗面、褶皱颜色最深的区域，增强羽绒服的明暗关系。用白色高光笔在包包、羽绒服的高光处点绘高光，丰富画面层次。

8 下装第一遍上色：用COPIC B32号浅蓝色马克笔纵向运笔，注意笔触沿裤子的褶皱方向变化，受光面留白。用COPIC C5号灰色马克笔绘制鞋子。

9 下装第二遍上色：在上一步的基础上用 COPIC B34 号蓝色马克笔绘制裤子的灰面和暗面，注意笔触干脆利落，跟随褶皱起伏。用 COPIC C7 号灰色马克笔绘制鞋子的灰面和暗面，注意后面的鞋子色彩深、明暗对比弱，前面的鞋子明暗对比强，同时强化高光的形状。

10 下装第三遍上色：用 COPIC B34、法卡勒 B111、COPIC B97、COPIC B99 号马克笔加深裤子的暗面，用 COPIC C7、COPIC 110 号马克笔强化鞋子的暗部，然后完善整体画面的表现效果。

11 背景绘制：用COPIC YR04号橙色宽头马克笔，以点、线、面的形式绘制背景，使画面的色彩更鲜明且富有节奏感。

4.2.2 针织面料马克笔上色表现

一、思路解析

◆ **线稿**

①**整体形态**：精准勾勒针织服装的廓形，注意松量与面料的厚度，用流畅、柔和的线条表现，避免出现生硬的转折。

②**纹理体现**：线条方向随服装的褶皱和人体的曲线调整，通过线条的粗细、轻重变化展现针织纹理。

◆ **上色**

①**整体光影**：先确定整体明暗关系，确保色彩过渡自然、柔和，塑造整体准确的光影效果。

②**纹理塑造**：着重刻画针织纹理的明暗变化，凸显立体感，展现面料的质感。

◆ **细节**

①**边缘纹理**：精细刻画针织背心领口、袖口、下摆的罗纹肌理，表现针织面料细腻的质感。

②**主体花纹**：清晰表现主体麻花纹理的立体感和主次关系，精细绘制帽子上的海水纹和袖子上的立体花朵。

◆ **背景**

①**色彩搭配**：用与主体色彩协调的橙色绘制背景，增强画面色彩的和谐感。

②**笔触运用**：以宽头块面笔触流畅运笔，为画面赋予节奏感，提升整体视觉效果。

二、绘制步骤

1 **人体起稿**：用黑色自动铅笔勾勒人体轮廓，精准把握胸腔与胯部的扭转关系，以大体块概括右腿前迈、重心落于右脚的走姿，注意右手拎包动作的姿态。

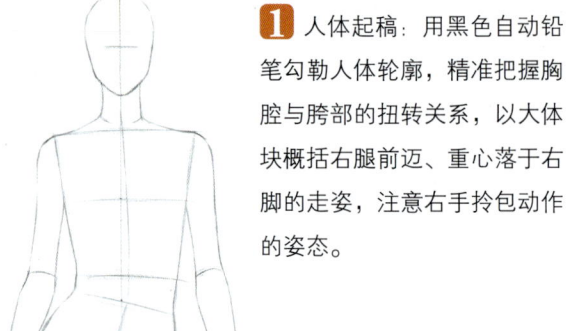

2 **头部与着装起稿**：基于人体动态，精细绘制五官、发型及帽子，注意帽子相对头型要预留一定的松量。绘制针织背心时，用柔和的弧线展现针织面料的厚度和松量。绘制雪纺长裙时，多用长线条，表现雪纺轻柔、飘逸的质感。

3 勾线：用橡皮擦淡铅笔线稿，用深褐色勾线笔细致勾勒五官、发型及手部。随后，使用灰色小楷笔勾勒针织背心，用灰色纤维笔勾勒其他服装和配饰。绘制时，注意线条的轻重变化与节奏把控。

4 头部刻画与人体上色。

01 用COPIC R000号马克笔均匀平铺皮肤底色。用COPIC R01号马克笔在眉弓下方、鼻底、鼻侧、额头侧面和颧骨下方等绘制阴影，塑造五官的立体感。

02 用COPIC R01、法卡勒RV143、COPIC E09号马克笔在脖子、手部绘制阴影，再用COPIC B000、COPIC Y11号马克笔轻扫皮肤的环境色，表现人体的明暗关系。

03 用COPIC R02号马克笔绘制眼影，加深鼻底及其他五官的阴影。用黑色勾线笔勾勒眼线和瞳孔等，用灰色纤维笔绘制眼珠。用COPIC RV42号马克笔、橙红色彩铅和橙色纤维笔交替绘制嘴唇，下唇高光处留白或用白色高光笔提亮。

04 用法卡勒E408、法卡勒E419、法卡勒E169、TOUCH BR92号马克笔绘制卷发的明暗和层次。

5 上装第一遍上色：用 COPIC Y21 号浅黄色马克笔绘制内搭的领子和袖子，用法卡勒 BV319 号浅紫色马克笔绘制衬衫的半袖和翻领，用 TOUCH PB183 号马克笔绘制衬衫翻领的蓝色针织部分。用 COPIC W3 号马克笔绘制针织背心的主体部分，多采用纵向笔触，受光面适当留白。用 COPIC E29、COPIC C7 号马克笔绘制针织背心的领口和下摆。用 COPIC Y26 号黄色马克笔绘制包包和针织背心上的装饰，用 TOUCH PB70、COPIC E29 号马克笔以点状笔触绘制包包上的流苏。用 COPIC C5 号灰色马克笔平涂帽子，注意笔触随帽子的结构变化，预留帽檐的厚度。

6 上装第二遍上色：用 COPIC Y26 号黄色马克笔绘制内搭的领子、袖子的灰面和暗面。用法卡勒 BV109 号浅紫色马克笔绘制衬衫的半袖和翻领的灰面和暗面，用 TOUCH PB70 号马克笔绘制衬衫翻领的蓝色针织部分。用 COPIC W3、COPIC W5 号马克笔绘制针织背心的灰面和暗面，用 TOUCH CG9、COPIC E79 号马克笔绘制针织背心的领口和下摆的灰面和暗面。用 TOUCH YR32 号橙黄色马克笔绘制包包和针织背心上装饰的灰面和暗面，用 TOUCH PB71、COPIC E79 号马克笔以点状笔触绘制包包上流苏的灰面和暗面。用 COPIC C7 号灰色马克笔绘制帽子的灰面和暗面。

7 上装第三遍上色：用 TOUCH YR32 号橙黄色马克笔强化内搭的暗部，用法卡勒 BV192、法卡勒 BV113 号浅紫色马克笔绘制衬衫的半袖和翻领的暗面，用 TOUCH PB70 号马克笔绘制衬衫翻领的蓝色针织部分。用 COPIC W7、COPIC W9、COPIC E29 号马克笔绘制针织背心的暗面，用 COPIC E29、COPIC100 号马克笔强化针织背心的领口和下摆的暗部，用 COPIC E99 号深黄棕色马克笔绘制针织背心上装饰的暗部。用 COPIC E29、COPIC W7 号马克笔绘制包包的暗部。

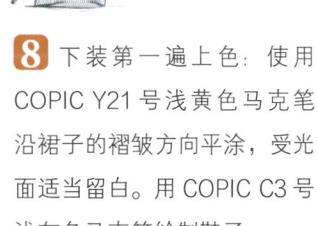

8 下装第一遍上色：使用 COPIC Y21 号浅黄色马克笔沿裙子的褶皱方向平涂，受光面适当留白。用 COPIC C3 号浅灰色马克笔绘制鞋子。

9 下装第二遍上色：用COPIC YR31号橙黄色马克笔区分裙子的受光面和背光面，注意笔触潇洒、轻快。用COPIC C3、COPIC C5号马克笔绘制鞋子的灰面和暗面。

10 下装第三遍上色：用TOUCH YR32、TOUCH BR101号马克笔强化裙子的暗部。用COPIC B000号马克笔在受光面轻扫环境色，丰富裙子的色彩。用COPIC C7号灰色马克笔绘制鞋子的暗部，强化前后鞋子的虚实对比。

11 图案绘制与上色:用蓝色勾线笔和白色高光笔勾勒帽子上的海水纹,使其随帽子的结构和明暗变化。用COPIC YR23、TOUCH YR32、TOUCH BR101、COPIC E97、TOUCH GY59、TOUCH G43号马克笔勾勒袖子上的立体花,注意茎、叶、花随袖子褶皱起伏,花瓣色彩层次分明。

12 背景绘制:选择黄色的邻近色橙色作为背景色,用COPIC YR04号橙色马克笔,以宽头块面笔触流畅运笔,赋予画面节奏感。

4.2.3 牛仔面料马克笔上色表现

一、思路解析

◆ 线稿

①线条特征：多运用长线条勾勒，体现牛仔面料挺括、硬朗的材质特性。

②整体勾勒：通过上述线条，完整描绘牛仔服装的廓形，展现整体造型的利落感。

◆ 上色

①笔触运用：采用块面笔触铺色，精准表达牛仔服装的明暗层次。

②对比强调：强化明暗对比，突出牛仔面料的质感和立体感。

◆ 细节

①关键细节：着重刻画领口、腰头、裤口等部位，以及裤子分割线上的铆钉，展现细节的精致。

②褶皱与纹理细节：仔细描绘细碎的褶皱，以及领口、袖口的海水纹。

◆ 背景

①色彩选择：用与蓝色对比较强烈的红色作为背景色，颜色对比鲜明，增强画面的张力。

②笔触表现：以潇洒、流畅的笔触绘制背景，增强画面的视觉冲击力。

二、绘制步骤

1 人体起稿：用黑色自动铅笔勾勒人体轮廓，准确把握胸腔与胯部的扭转关系，以大体块概括右腿前迈、重心落于右脚的走姿动态。

2 头部与着装起稿：基于人体动态，细致绘制五官和发型，注重头发的分组。用干净利落的长线条勾勒牛仔服装的廓形，突出面料的特点。

3 勾线：用橡皮擦淡铅笔线稿，用深褐色勾线笔细致勾勒五官、发型、手部及包包等。用棕色小楷笔勾勒服装的轮廓与细节，注意线条的轻重变化。

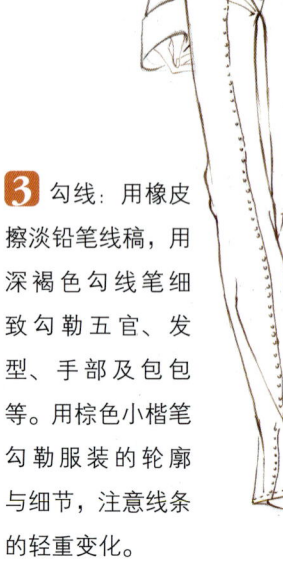

4 头部刻画与人体上色。

01 用 COPIC R000 号马克笔平铺皮肤底色。用 COPIC R01 号马克笔在眉弓下方、鼻底等部位绘制阴影,塑造五官的立体感。用 COPIC R01、COPIC R02、COPIC E09 号马克笔在脖子、胸腔等部位绘制阴影。

02 用 COPIC R02 号马克笔绘制眼影并加深鼻底等处的阴影。用黑色勾线笔勾勒眼线和瞳孔等,用灰色纤维笔绘制眼珠。

03 用 COPIC RV42 号马克笔、橙红色彩铅和橙色纤维笔交替绘制嘴唇,下唇高光处留白或用白色高光笔提亮。

04 用法卡勒 E415、法卡勒 E408、法卡勒 E180 号马克笔绘制头发的明暗和层次。用 COPIC B01、COPIC Y11 号马克笔在头发、皮肤亮面和反光处轻扫环境色,丰富色彩层次。

5 上装第一遍上色:用 COPIC B32 号浅蓝色宽头马克笔平涂上衣,肩部横向运笔表现厚度,袖子和衣身随褶皱的走向运笔,受光面适当留白。用法卡勒 R215 号红色马克笔绘制红色带子,用 TOUCH BR112 号红棕色马克笔绘制包包。

6 上装第二遍上色：用COPIC B34、COPIC B32号宽头马克笔绘制上衣的灰面和暗面。用法卡勒R140号红色马克笔绘制红色带子的暗面，用COPIC E99、COPIC E09号马克笔绘制包包的灰面和暗面。

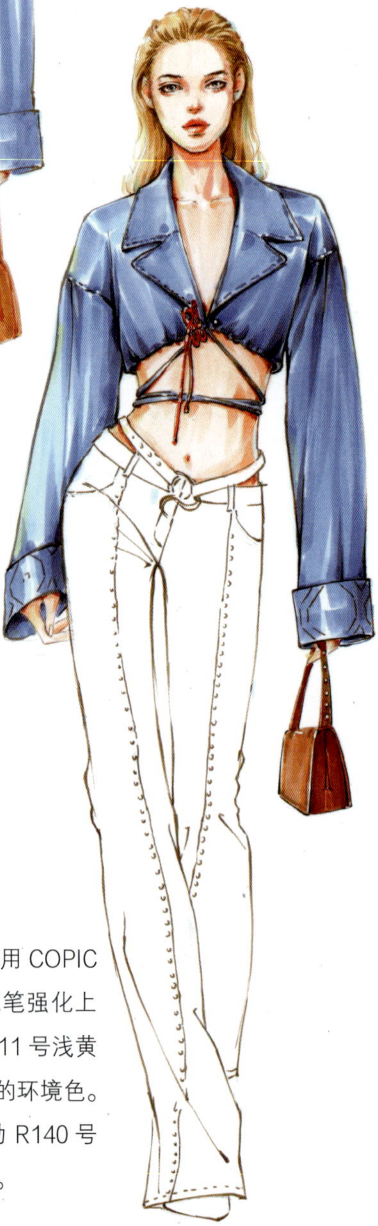

7 上装第三遍上色：用COPIC B99号深蓝色宽头马克笔强化上衣的暗部。用COPIC Y11号浅黄色马克笔轻扫上衣亮面的环境色。用COPIC E09、法卡勒R140号马克笔加深包包的暗面。

8 下装第一遍上色：用COPIC B32号浅蓝色马克笔在髋部以横向笔触表现结构，髋部以下随裤子褶皱的方向纵向运笔，受光面留白。用COPIC C5号灰色马克笔绘制鞋子，鞋头预留高光。

9 下装第二遍上色：用 COPIC B34、COPIC B23 号蓝色马克笔绘制裤子的暗部，注意笔触干脆利落、随褶皱起伏。用 COPIC C7 号灰色马克笔绘制鞋子的灰面和暗面。

10 下装第三遍上色：用 COPIC B99 号深蓝色马克笔加深裤子的暗面。用 COPIC C9、COPIC 110 号马克笔强化鞋子的暗部。

⑪ 图案绘制与上色：用 TOUCH PB69、TOUCH PB70 号马克笔，以及蓝色勾线笔、白色高光笔细致表现领口、袖口的海水纹样和胸前的花纹，注意图案随领子、袖子、胸部结构变化，表现出大小、明暗、虚实、主次对比。

⑫ 背景绘制：选择红色为背景色，用 COPIC R29 号大红色马克笔，以流畅、潇洒的笔触绘制背景，让画面色彩鲜明，增强视觉冲击力。

4.2.4 皮革和皮草面料马克笔上色表现

一、思路解析

◆ 线稿

①皮革勾勒：用较直的线条绘制皮革面料的服装，凸显挺括的外形，展现皮革的硬朗质感。

②皮草描绘：将皮草按毛流方向分组，用长短、粗细、轻重不同的线条勾勒边缘，表现其蓬松感。

◆ 上色

①皮革上色：通过快速平涂塑造皮革面料色块大致的变化，预留高光形状，表现皮革的光泽。

②皮草上色：兼顾整体效果，控制笔触与用笔力度，利用笔触轻重变化表现皮草面料的柔软蓬松和纹理效果。

◆ 细节

①皮革细节：精准刻画皮革的高光形状，增强材质的真实感。

②皮草与图案细节：细致刻画皮草面料的层次变化和皮革面料上的图案，提升画面的精致度。

◆ 背景

①色彩选择：选用紫色作为背景色，丰富画面的色彩层次。

②笔触运用：以整块流畅的笔触绘制背景，使画面笔触多样，营造灵动的画面氛围。

二、绘制步骤

1 人体起稿：用黑色自动铅笔勾勒人体轮廓，精准把握胸腔和胯部的扭转关系，以大体块概括人体右腿前迈的走姿，将重心落于右脚。

2 头部与着装起稿：基于人体动态，细致绘制五官、发型，注意这种贴合头皮的发型要在头型的基础上有一定的厚度。皮革裙子用挺括的直线条勾勒，皮草部分则用长短、粗线、轻重不一的线条将毛发按照毛流的方向归纳分组，并表现出毛发的柔软、蓬松和厚度。

3 勾线：用橡皮擦淡铅笔线稿，用深褐色勾线笔细致地勾勒五官、发型、手部、腿部等。随后，用棕色小楷笔勾勒皮革及皮草部分，注意皮草线条要有长短、粗细及轻重的变化。

4 头部刻画与人体上色。

01 用 COPIC R000 号马克笔均匀地平铺皮肤底色。用 COPIC R01 号马克笔在眉弓下方、鼻底、鼻侧、额头侧面及颧骨下方绘制阴影，塑造五官的立体感。

02 用 COPIC R01、法卡勒 R143、COPIC E09 号马克笔在脖子、胸腔、手部、腿部等处绘制阴影，用 COPIC B000、COPIC Y11 号马克笔轻扫皮肤的环境色，表现人体的明暗关系。

03 用 COPIC R02 号马克笔绘制眼影，并加深鼻底等处的阴影。用黑色勾线笔勾勒眼线及瞳孔等，用灰色纤维笔绘制眼珠。用 COPIC RV42 号马克笔、橙红色彩铅和橙色纤维笔交替绘制嘴唇。

04 用 COPIC C5、COPIC C7 号马克笔绘制头发和耳饰的明暗及层次。用高光笔在下唇、耳饰处进行提亮。

5 上装第一遍上色：用 COPIC C5 号灰色马克笔根据肩部及胸腔的结构运笔，绘制坎肩的皮革部分，预留出高光的形状。用 COPIC Y26 号黄色尖头马克笔，以中锋运笔，根据袖子的结构及皮草的毛流分组绘制，确保笔触柔软、颜色衔接自然。

6 上装第二遍上色：用 COPIC C7 号灰色马克笔绘制坎肩皮革部分的灰面和暗面。用 COPIC YR31、COPIC E15、COPIC E99 号尖头马克笔绘制袖子的灰面和暗面。

7 上装第三遍上色：用COPIC C9、COPIC 100号马克笔强化坎肩皮革部分的暗部。用COPIC B000、COPIC Y11号马克笔分别在坎肩皮革部分的亮面和反光处轻轻扫一点环境色，使色彩层次更丰富。用COPIC E47、COPIC E29、TOUCH BR98号尖头马克笔细化袖子的明暗层次。用高光笔为上装提亮，增强立体感。

8 下装第一遍上色：用COPIC Y11号浅黄色马克笔轻扫皮裙的亮面，用COPIC BV02号浅紫色马克笔轻扫暗部的反光处，使用COPIC C5号灰色马克笔根据人体结构及褶皱方向运笔，预留高光，注意高光的形状。用COPIC YR31、COPIC Y26、COPIC E33号尖头马克笔根据皮草的分组运笔，确保笔触柔软、颜色衔接自然。用COPIC C5号灰色马克笔绘制鞋底，用COPIC E15、COPIC E09号马克笔绘制鞋子的毛球及鞋头部分。

9 下装第二遍上色：用 COPIC C5、COPIC C7 号马克笔在第一遍上色的基础上拉开受光面和背光面的对比。用 COPIC E15、TOUCH BR96、TOUCH BR92、COPIC YR23、COPIC C7 号尖头马克笔根据皮草的分组画出灰面和暗面，拉开前后皮草的层次。用 COPIC C7 号灰色马克笔绘制鞋底的暗面，用 COPIC E29、COPIC E47 号马克笔绘制鞋子的毛球及鞋头部分的灰面和暗面。

10 下装第三遍上色：用 TOUCH BR101、TOUCH YR32 号马克笔加强皮草面料的暗部层次。用 COPIC C9、COPIC 110 号马克笔强化皮裙的暗面和褶皱区域。用高光笔提亮皮裙的高光处，注意准确表现高光的形状及明暗层次变化；用高光笔按毛流的方向绘制皮草部分的高光。

11 图案绘制与上色：用白色高光笔和黑色勾线笔绘制胸前的图案，注意花形的姿态要优美自然，图案要有虚实对比。

12 背景绘制：选择紫色作为背景色，用 COPIC V17 号紫色宽头马克笔快速铺色，注意以整块的笔触流畅运笔，提升画面的表现力。

4.2.5 呢子面料马克笔上色表现

一、思路解析

◆ 线稿

①整体轮廓：用柔和的长线条勾勒呢子大衣，着重表现大衣的廓形、松量及面料的厚度。

②线条运用：通过线条的疏密、轻重变化，凸显大衣的结构和质感。

◆ 上色

①色彩过渡：上色时，让色彩过渡自然、柔和，契合呢子面料细腻的质感。

②重点描绘：着重刻画领子部分，表现领子的规整和厚度，突出大衣的重要部分。

◆ 细节

①关键部分：重点刻画呢子大衣的领子和门襟的厚度，增强大衣的立体感。

②局部雕琢：精致绘制袖口图案、半裙盘扣及兰草图案，提升画面的精致度。

◆ 背景

①色彩搭配：选择草绿色作为背景色，与呢子大衣形成和谐的冷暖对比，丰富画面的色彩层次。

②笔触处理：以小而碎的笔触绘制背景，打破呢子大衣的规整感，增添画面灵动感。

二、绘制步骤

1 人体起稿：用黑色自动铅笔勾勒人体轮廓，精准把握胸腔与胯部的扭转关系，以大体块概括左腿前迈、重心落于左脚的走姿动态，绘制时注意线条的轻重变化。

2 头部与着装起稿：基于人体动态，细致绘制五官和发型，让发型贴合头皮并适当添加几缕发丝，使发型更显自然。用利落的长线条绘制内搭雪纺衫，表现雪纺轻柔、飘逸的质感。绘制大衣时，着重表现其廓形、松量及面料的厚度，多用长线条表现领子、肩膀的规整、挺括，减少细碎的褶皱。

3 勾线：用橡皮擦淡铅笔线稿，用深褐色勾线笔细致勾勒五官、发型、手部、腿部等。用灰色纤维笔勾勒内搭雪纺衫和半裙，用棕色小楷笔勾勒呢子大衣，注意线条的轻重缓急，以区分面料质感。

4 头部刻画与人体上色。

01 用 COPIC R000 号马克笔平铺皮肤底色。用 COPIC R01 号马克笔在眉弓下方、鼻底等部位绘制阴影，塑造五官的立体感。用 COPIC R01、COPIC R02、COPIC E09 号马克笔在脖子、腿部、手部等处绘制阴影。

02 用 COPIC R02 号马克笔绘制眼影，并加深鼻底等处的阴影。用黑色勾线笔勾勒眼线和瞳孔等，用 COPIC C5 号灰色马克笔和灰色纤维笔绘制眼珠。

03 用 COPIC R02 号马克笔、橙红色彩铅和橙色纤维笔交替绘制嘴唇，下唇高光处留白或用白色高光笔提亮。

04 用 COPIC C5、COPIC C7 号马克笔绘制头发的明暗和层次，并用黑色彩铅添加飞扬的发丝。用 COPIC B01、COPIC Y11 号马克笔在头发、皮肤亮面和反光处轻扫环境色，丰富色彩层次。用 COPIC E09、法卡勒 R146、COPIC C5 号马克笔绘制耳饰。

5 上装第一遍上色：用COPIC Y13号黄绿色尖头马克笔沿衣服褶皱方向绘制雪纺衫。用法卡勒E408号宽头马克笔平涂大衣，注意肩部以横向笔触表现厚度，袖子和衣身随褶皱走向运笔。用COPIC Y21号浅黄色马克笔绘制大衣的毛领，袖子受光面适当留白。用COPIC E15号红棕色马克笔绘制袖口。用COPIC YG93号浅橄榄绿色马克笔平涂大衣的里衬。

6 上装第二遍上色：用COPIC YG03号草绿色马克笔绘制雪纺衫的灰面和暗面，注意表现蝴蝶结的叠压关系。用COPIC E33号浅棕色马克笔绘制大衣的灰面和暗面。用COPIC BG96号橄榄绿色马克笔绘制大衣里衬的灰面和暗面。用COPIC E97、COPIC E09号马克笔绘制袖口的灰面和暗面。

7 上装第三遍上色：用法卡勒 YG24、法卡勒 YG26、法卡勒 YG37、COPIC G99 号马克笔强化雪纺衫的暗部。用法卡勒 E419、TOUCH BR112、COPIC E29、COPIC E15、COPIC C7 号马克笔加深大衣的暗面及褶皱，注意笔触衔接自然。用 COPIC Y26、TOUCH BR115、COPIC E74 号马克笔表现大衣毛领的明暗层次。用 COPIC E99 号深黄棕色马克笔强化袖口的暗部。用法卡勒 YG447 号马克笔强化大衣里衬的暗面。用白色高光笔在大衣领子、门襟等处点绘高光，丰富画面的层次。

8 下装第一遍上色：用法卡勒 YG444 号浅绿色马克笔沿半裙结构和褶皱方向运笔绘制半裙，用 COPIC YR24 号橙黄色马克笔绘制腰头，用 COPIC E09 号马克笔绘制盘扣，用 COPIC C5 号灰色马克笔绘制鞋子。

9 下装第二遍上色：用法卡勒 BG62 号浅蓝绿色马克笔绘制半裙的灰面和暗面。用 COPIC YR31 号橙黄色马克笔绘制腰头的灰面和暗面。用 COPIC C7 号灰色马克笔绘制鞋子的灰面和暗面。

10 下装第三遍上色：用法卡勒 BG105、法卡勒 YG457 号马克笔加深半裙的暗部。用 COPIC E79 号深棕色马克笔绘制半裙的盘扣。用黄棕色纤维笔绘制腰头黄色部分的竖向肌理。用高光笔提亮盘扣、鞋子的高光。

11 图案绘制与上色：用COPIC E09号红棕色马克笔勾勒袖口的图案。用TOUCH G43号绿色马克笔勾勒半裙的兰花图案，注意图案随半裙的起伏绘制，保证线条优美、流畅。用白色高光笔绘制图案的白色部分。

12 背景绘制：用COPIC YG03号草绿色马克笔，以小而碎的笔触铺色，打破呢子大衣的规整感，营造灵动的画面氛围。

4.2.6 薄纱和蕾丝面料马克笔上色表现

一、思路解析

❖ 线稿

①线条特质：用浅灰色或淡紫色纤维笔，以轻柔流畅的线条勾勒服装的轮廓，贴合薄纱、蕾丝轻盈、飘逸的质感。

②轮廓勾勒：以轻柔流畅的线条仔细勾勒人体与服装的轮廓，准确表现优雅、舒展的人体姿态。

❖ 上色

①绘制顺序：先完成皮肤的明暗处理，再绘制覆盖其上的薄纱面料。

②笔触运用：依裙子的褶皱方向运笔，长裙部分的笔触衔接自然、干净利落，展现纱裙层层叠叠的质感。

❖ 细节

①图案变化：图案需随人体结构、光影和服装褶皱而改变，同时注意铺底色和处理局部的厚度。

②对比表现：绘制图案时，注意表现大小、明暗、虚实、主次，丰富画面的视觉效果。

❖ 背景

①色彩选择：选择蓝色作为背景色，让画面色彩和谐统一。

②笔触处理：以宽窄结合的流畅笔触绘制背景，赋予画面灵动活泼的氛围，让背景与薄纱、蕾丝的柔美质感相互映衬。

二、绘制步骤

1 人体起稿：用黑色自动铅笔勾勒人体轮廓，精准把握胸腔与胯部的扭转关系，以大体块概括右腿向前、重心落于左脚的走姿动态。绘制时注意姿态舒展和线条的轻重变化。

2 头部与着装起稿：基于人体动态，细致刻画五官、发型、发饰及耳饰等细节，着重刻画发型的结构。用轻柔的线条绘制纱裙，准确表现袖子的松量及裙摆的层叠关系，体现出纱裙的轻盈质感。

3 勾线：用橡皮擦淡铅笔线稿，用深褐色勾线笔细致勾勒五官、发型、发饰、耳饰及手部，确保线条细腻。随后，用灰色纤维笔轻柔地勾勒服装的轮廓与细节。

4 头部刻画与人体上色。

01 用COPIC R000号马克笔平铺皮肤底色。用COPIC R01、法卡勒R143号马克笔在眉弓下方、鼻底、鼻侧、额头侧面和颧骨下方等绘制阴影，塑造五官的立体感。

02 用COPIC R01号马克笔在脖子、手臂等处绘制阴影，表现人体的明暗关系。用COPIC R02、法卡勒R143号马克笔绘制眼影，并加深鼻底等处的阴影。

03 用黑色勾线笔勾勒眼线和瞳孔等，用灰色纤维笔绘制眼珠。用COPIC RV42号马克笔、橙红色彩铅和橙色纤维笔交替绘制嘴唇，下唇高光处留白或用白色高光笔提亮。

04 用COPIC C5、COPIC C7、COPIC C9号马克笔绘制头发的明暗和层次，在头部顶面和侧面转折处适当留白，在鬓角添加一些飘逸的发丝。用COPIC YR23、COPIC YR24、COPIC C5号马克笔搭配同色系纤维笔和勾线笔绘制发饰和耳饰的明暗。

5 裙子第一遍上色：用法卡勒 BV317 号淡紫色宽头马克笔沿裙摆下垂方向运笔，绘制裙子的基础色调。用 COPIC C3 号浅灰色宽头马克笔绘制鞋子，鞋头预留高光。

6 裙子第二遍上色：用 COPIC BV02、法卡勒 BV319 号宽头马克笔绘制裙子的灰面和暗面，注意笔触之间的自然衔接，表现裙子的立体感。用 COPIC C5 号灰色宽头马克笔绘制鞋子的灰面和暗面。

7 裙子第三遍上色：用 COPIC BV000、COPIC BV02、法卡勒 BV113、法卡勒 BV327 号马克笔强化裙子的暗部及褶皱，增强裙子的层次感。用 COPIC Y11 号浅黄色马克笔在裙摆受光面轻扫环境色，丰富色彩层次。

8 图案绘制与上色：用 COPIC B01、TOUCH PB183、TOUCH PB185、TOUCH PB72 号马克笔绘制胸前补子图案的底色。用 COPIC BV11、TOUCH RP293、TOUCH P282、TOUCH Y45、TOUCH Y42、TOUCH BR113 号马克笔绘制补子图案和袖口图案，注意图案随人体结构、光影和服装褶皱的变化而变化。用白色高光笔绘制胸前、上衣下摆、袖口的蕾丝花纹。用蓝紫色纤维笔和中灰色软头勾线笔点出蕾丝镂空处的投影。用 COPIC C7 号灰色马克笔绘制鞋子的暗面及裙摆的投影。

❾ 背景绘制:用 COPIC B23 号蓝色马克笔,以流畅、潇洒的笔触绘制背景,让画面更加灵动、活泼,色彩更加鲜明,与主体形成和谐又富有变化的视觉效果。